内蒙古电网量值比对及不确定度评定实例
（2017 版）

王志坚　主编

中国质检出版社
中国标准出版社
北　京

图书在版编目（CIP）数据

内蒙古电网量值比对及不确定度评定实例：2017 版/王志坚主编. —北京：中国质检出版社，2018.10

ISBN 978－7－5026－4597－7

Ⅰ.①内…　Ⅱ.①王…　Ⅲ.①电力工程—电能计量—研究—内蒙古

Ⅳ.①TM933.4

中国版本图书馆 CIP 数据核字（2018）第 109627 号

中国质检出版社　中国标准出版社　出版发行

北京市朝阳区和平里西街甲 2 号（100029）

北京市西城区三里河北街 16 号（100045）

网址：www.spc.net.cn

总编室：（010）68533533　发行中心：（010）51780238

读者服务部：（010）68523946

中国标准出版社秦皇岛印刷厂印刷

各地新华书店经销

*

开本 787×1092　1/16　印张 13.25　字数 291 千字

2018 年 10 月第一版　2018 年 10 月第一次印刷

*

定价：68.00 元

编　委　会

前 言

　　为了考察电能及电流互感器量值的一致程度，考察实验室电能及电流互感器标准的准确度以及检定人员实际操作水平及数据处理的准确程度，内蒙古电力科学研究院电能计量检测中心受内蒙古电力（集团）有限责任公司营销部计量办公室委托，负责实施2017年内蒙古电网电能量值比对和互感器量值比对，并于2017年7月10日至8月31日组织公司所属法定计量检定机构进行量值比对工作。

　　内蒙古电力科学研究院电能计量检测中心作为主导实验室参加此次比对工作。此次比对工作，从2017年6月策划到2017年9月顺利完成，一直得到内蒙古电力（集团）有限责任公司营销部、内蒙古电力科学研究院电能计量检测中心的大力支持以及内蒙古地区10家电能计量中心的积极配合，在此谨向内蒙古电力（集团）有限责任公司营销部、内蒙古电力科学研究院电能计量检测中心、锡林郭勒电业局电能计量中心、乌兰察布电业局电能计量中心、鄂尔多斯电业局电能计量中心、薛家湾供电局电能计量中心、巴彦淖尔电业局电能计量中心、乌海电业局计量中心、阿拉善电业局电能计量中心、包头供电局电能计量中心、内蒙古超高压供电局计量中心、呼和浩特供电局电能计量中心的领导和技术人员表示衷心的感谢。

　　上次进行同等规模的量值比对工作已是2007年。10年间，量值比对的管理方法、技术标准发生了重大变化。因此，再次进行电能和电流互感器量值比对工作迫在眉睫，并且十分必要。

　　本次比对工作，无论是从组织实施的规模，还是比对方法的运用，都较上次比对有了长足的进步，即：首次撰写针对量值比对工作的不确定度评定报告；首次利用归一化偏差 E_n 进行量值比对分析；首次考虑异常值剔除问题。这些管理和技术成果为将来的工作指明了方向，提供了可靠的参考。

为将本次比对的管理和技术成果更好地总结和发扬，本书编委会进行了精心编撰，希望以此促进 11 家电能计量中心机构间的学习和交流，也希望能为各位读者提供借鉴。

由于时间匆忙，书中难免存在疏漏，如有不妥之处，敬请指正。

编者

2018 年 4 月

目 录

上篇 电能量值比对

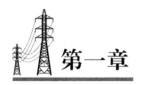

第一章

2017 年电能量值比对实施方案

1.1 比对的目的及意义

本次比对的目的是为了考察电能量值的一致程度,考察实验室电能标准的准确度以及检定人员实际操作水平及数据处理的准确程度。

为保证本次比对的顺利实施,特制定本工作细则。参加本次比对工作的各计量技术机构的人员在比对工作中应严格遵守。

1.2 比对的组织

1.2.1 比对组织者:内蒙古电力公司营销部计量办公室。

1.2.2 比对主导实验室

1.2.2.1 主导实验室

内蒙古电力科学研究院电能计量检测中心

联系人:余佳、史玉娟

电　话:185×××××××× , 185××××××××

传　真:0471 - 7394116

Email:dnjlzx@126.com

1.2.2.2 主导实验室主要职责

负责比对技术方案的制定,比对计划的具体实施,确定比对时间表,解决比对工作中各种技术问题,汇总并分析比对结果,起草比对总结报告等。同时负责对比对具体实施过程进行全程的监督指导,包括组织协调各方关系,对比对的技术方案和比对总结报告的审定和上报等;如遇异常情况,及时向比对组织者联系。

1.2.3 参比实验室

1.2.3.1 参加对象

内蒙古电力(集团)有限责任公司参比授权机构名单(附件 1.1)。

1.2.3.2 参比实验室责任

按照比对实施方案的进度完成比对工作,并记录比对全过程。按时向主导实验室上报原始记录、测量结果及其不确定度评定报告,参加比对总结及其相关技术活动。参比实验室应指定比对负责人,将负责人信息报至主导实验室。负责人职责是协调该单位比对的各个环节,包括样品接受、测试、传递等,保证按要求准确、安全、及时完成整个比对任务。

1.3 比对的依据

JJG 1085—2013《标准电能表检定规程》;

JJF 1117—2010《计量比对规范》;

JJF 1059.1—2012《测量不确定度评定与表示》。

1.4 比对路线及时间安排

本次比对将参加的实验室分为 2 个组,采取花瓣式比对路线。每个实验室应当在 3 个工作日内完成所有比对实验,并将传递标准送至下一个参比实验室。希望各实验室提前做好比对准备工作并严格遵守时间安排,以便保证比对工作的顺利进行。参比实验室分组情况和比对路线具体安排见附件 1.2。

1.5 传递标准

1.5.1 传递标准及特性描述

本次比对的传递标准由主导实验室提供。主导实验室选取了北京普华瑞迪科技有限公司生产的三相标准电能表作为传递标准。传递标准的详细参数见表 1.1。

表 1.1 传递标准详细参数

型号	规格	编号	准确度等级
RD1300	(60~480)V (0.2~100)A	160902	0.02 级
工作环境温度 (20±1)℃ 湿度(60±15)% RH			

1.5.2 传递标准电能表误差参考值及其不确定度的确定方法

选定的传递标准经主导实验室确认后,在内蒙古电力科学研究院电能计量检测中心进行测量,确定参考值及其不确定度。

1.5.3 传递标准的使用和运输

1.5.3.1 传递标准的使用

标准电能表参比条件见 JJG 1085—2013《标准电能表检定规程》。

1.5.3.2 传递标准的运输

传递标准传送过程中应避免剧烈震动,避免温度剧烈变化以及长时间处于高温状态下,以确保样品准确度不受影响。传递标准必须由专人护送到下一个比对地点,不准采取其他的传送方式,传递标准自交接时起,到交到下一单位为止,由接收单位负责其安全。

1.5.4　传递标准的交接

传递标准交接时,应由发送实验室和接受实验室的技术人员共同检查传递标准的状况,如有缺损等异常情况请立即通知主导实验室,填写传递标准交接记录单(附件 1.3),护送传递标准的单位应将交接单随传递标准放置在包装箱内,接收单位收到传递标准后,填写的交接单,一式两份,双方经办人签字后各执一联,同时传真至主导实验室,以便主导实验室监控传递标准的状态。

1.6　比对技术方案

1.6.1　比对用检验设备

比对用检验设备为各实验室 0.03 级三相电能表标准装置。

1.6.2　参比实验室所测传递标准规定检定点

见表 1.2。

表 1.2　规定检定点

电压	电流	功率因数	脉冲常数/[imp/(kW·h)]
220V	5A	1.0	6×10^7
		0.5(L)	
		0.8(C)	
	1A	1.0	3×10^8
		0.5(L)	
		0.8(C)	

1.6.3　比对的数据

比对单位以传递标准为被测,测出传递标准在以上规定检定点上的相对误差,给出每个测量点的测量结果的不确定度,并附测量不确定度评定过程。

测量不确定度评定要求:比对试验报告中给出的测量结果的不确定度应符合不确定度评定要求(例如:不确定度最后结果最多为两位有效数字,测量不确定度与测量结果应该末位对齐),对照比对试验过程,确定各不确定度分量,做到不确定度评定完整、合理。

1.6.4　比对结果报告

各参加实验室将测试结果填入比对试验报告,并对测量结果进行不确定度分析。

试验结果报告一式两份,经报告人签字,单位盖章后,在试验完成后 5 日内一份提供给电力公司营销部计量办,一份连同不确定度分析一起提供给主导实验室。同时提交纸质版和电子版,当两者不一致时以纸质版为准。

参比实验室须提供的报告内容如下:

(a)交接记录单(可用传真复印件)(附件1.3);

(b)比对原始记录(附件1.4);

(c)比对试验结果报告(单位盖章)(附件1.5);

(d)测量不确定度评定报告;

(e)计量标准考核证书复印件和计量标准器证书复印件。

1.7 比对结果评价

主导实验室负责编写比对报告。参考 JJG 1085—2013《标准电能表检定规程》和 JJF 1117—2010《计量比对规范》等相关文件进行比对结果的处理。

1.7.1 比对结果报告内容:

(a)比对参考值及其不确定度;

(b)单个参比实验室的测量结果的等效度及其不确定度;

(c)等效度与其不确定度的一致性的评价参数;

(d)各实验室比对评价结果图表汇总。

1.7.2 参比实验室比对结果的评价方法

1.7.2.1 参考值及其不确定度评价

在对各参比实验室的测量结果及其不确定度进行合理性判别之后,首先要进行参考值及其不确定度的计算。参考值的计算方法很多,如加权平均值的方法。每个测量点参考值的计算可参照公式(1-1):

$$Y_{ri} = \frac{\sum_{j=1}^{n} \frac{Y_{ji}}{u_{ji}^2}}{\sum_{j=1}^{n} \frac{1}{u_{ji}^2}} \qquad (1-1)$$

式中 Y_{ri}——实验室第 i 个测量点的参考值;

Y_{ji}——第 j 个实验室上报的在第 i 个测量点的测量结果;

u_{ji}——第 j 个实验室在第 i 个测量点上测量结果的不确定度,采用各实验室自评数据。

传递标准的参考值的不确定度由主导实验室给出。每个测量点参考值不确定度的计算可参照公式(1-2):

$$u_{ri}^2 = \left(\sum_{j=1}^{n} \frac{1}{u_{ji}^2} \right)^{-1} \qquad (1-2)$$

式中 u_{ri}——第 i 个测量点的参考值的标准不确定度。

1.7.2.2 一致性评价

比对结果采用归一化偏差 E_n 值评价。

比对结果的判据采用 E_n 值的方法，E_n 值的计算方法见式（1-3）：

$$E_n = \frac{Y_{ji} - Y_{ri}}{ku_i} \quad\quad (1-3)$$

式中 k——包含因子，一般情况下 $k=2$；

$\quad U_i$——第 i 个测量点上 $Y_{ji} - Y_{ri}$ 的标准不确定度。

$$u_i = \sqrt{u_{ji}^2 + u_{ri}^2 + u_{ei}^2} \quad\quad (1-4)$$

$\quad u_{ri}$——第 i 个测量点上参考值的标准不确定度；

$\quad u_{ji}$——第 j 个实验室在第 i 个测量点上测量结果的标准不确定度；

$\quad u_{ei}$——传递标准在第 i 个测量点上在比对期间的不稳定性对测量结果的影响。

能力评价：$|E_n| \leqslant 1$ 为比对满意，$|E_n| > 1$ 为比对不满意。

1.7.3 比对结果的报告

比对结果分别给出每个实验室的 E_n 值，用图表表示各实验室比对结果，并对提供的资料进行评价。

1.7.4 比对总结报告

比对总结报告初稿在内蒙古电力科学研究院电能计量检测中心讨论。

内蒙古电力科学研究院电能计量检测中心应充分听取参比实验室的意见，在初稿的基础上确定比对总结报告的最终版，并向电力公司营销处上报。

主导实验室在汇总和分析来自参比实验室的结果时，应特别注意校核数据输入、传送和统计分析的有效性；数据处理的有效位数的取舍以及剔除异常值应按现行有效规程进行；原始记录、电子备份文件等应按规定保存适当的期限。

对最后报告经主管部门和比对单位的同意，可以适当的方式公开发表。

1.8 意外情况处理和保密规定

在运输、交接、试验等过程中，一旦发现比对用传递标准出现有可能影响准确度的任何异常，请与主导实验室联系，不得擅自处理。经主导实验室确认不影响比对结果的，传递标准继续传递，若比对用样品出现明显损坏或经主导实验室确认可能影响比对结果的，将启用备用样品重新进行传递。

参比实验室因特殊理由需延长比对时间，应及时书面向比对组织者申请，得到批准后方可延时。

为了确保本次比对的真实性与公正性，在比对总结报告正式公布前，主导实验室、各参比实验室的相关人员均应对比对结果保密，不允许出现任何形式的数据串通，不得泄露任何与比对结果有关的信息，一经发现，上报公司营销处，给予通报。

附件1.1 内蒙古电力(集团)有限责任公司参比授权机构名单

序号	机构名称	授权证书编号	负责人	备注
1	内蒙古电力科学研究院电能计量检测中心计量中心	(蒙)法计(2014)15021	董永乐	
2	乌海电业局计量中心	(蒙)法计(2014)15025	骆海波	
3	巴彦淖尔电业局电能计量中心	(蒙)法计(2014)15034	张亮	
4	锡林郭勒电业局电能计量中心	(蒙)法计(2014)15032	付有琛	
5	呼和浩特供电局电能计量中心	(蒙)法计(2014)15023	赵文彦	
6	乌兰察布电业局电能计量中心	(蒙)法计(2014)15033	姜华	
7	薛家湾电业局电能计量中心	(蒙)法计(2014)15029	王震	
8	鄂尔多斯电业局电能计量中心	(蒙)法计(2014)15028	赵智全	
9	超高压供电局电能计量中心	(蒙)法计(2014)15022	寇德谦	
10	包头供电局电能计量中心	(蒙)法计(2014)15024	高晓敏	
11	阿拉善电业局电能计量中心	(蒙)法计(2014)15021	曾凡云	

附件 1.2 参比实验室分组情况和比对路线具体安排

序号	日 期	机 构 名 称
1	7 月 10 日～12 日	内蒙古电力科学研究院电能计量检测中心
2	7 月 13 日～15 日	包头供电局电能计量中心
3	7 月 16 日～18 日	巴彦淖尔电业局电能计量中心
4	7 月 19 日～21 日	乌海电业局计量中心
5	7 月 22 日～24 日	阿拉善电业局电能计量中心
6	7 月 26 日～28 日	鄂尔多斯电业局电能计量中心
7	7 月 29 日～31 日	薛家湾供电局电能计量中心
8	8 月 1 日～3 日	内蒙古电力科学研究院电能计量检测中心
9	8 月 5 日～7 日	锡林郭勒电业局电能计量中心
10	8 月 8 日～10 日	乌兰察布电业局电能计量中心
11	8 月 11 日～13 日	呼和浩特供电局电能计量中心
12	8 月 14 日～16 日	超高压供电局电能计量中心
13	8 月 17 日～31 日	内蒙古电力科学研究院电能计量检测中心

附件1.3 三相标准电能表计量比对传递标准交接记录单

交接单
经检查,如果没有问题,请在相应方框内打√,否则打×。

交接情况说明	交接单位	交接人（签字）	交接日期
发送实验室			
接受实验室			

1. 交接物品是否完好 □
2. 三相标准电能表一台 □
3. 交接地点：
4. 其他情况说明：

备注:各接收实验室在接到传递标准后应按要求核查传递标准是否有损坏或缺失,核对货物清单,填好交接单并及时通知主导实验室。交接单一式二联,交接双方各执一联。实验室完成比对实验后应按比对实施细则的要求将传递标准传递到下一个实验室,并负责通知该实验室做好接收准备,同时告知主导实验室。

此表一式两份,接收方、发送方各存留一份。

附件 1.4 三相标准电能表计量比对原始记录

委托单位					
仪表名称				型　号	
生产厂家				编　号	
出厂日期		准确度等级		频　率	
规　格				脉冲常数	
校准日期		预热时间		辅助电源	
校准员		核验员			
校准依据					

计量检定机构授权证书号：

校准所用计量标准考核证书号：

校准环境条件：　　　　温度：　　　　　湿度：

校准地点：

所用的校准计量标准器：

名　称	测量范围	准确度等级	证书编号	证书有效期

测 量 结 果

平衡负载时：三相四线

电　压	电　流	功率因数	相对误差 γ_1/%	相对误差 γ_2/%	平均值 γ/%	化整值 γ/%
220V	5A	1.0				
220V	5A	0.5(L)				
220V	5A	0.8(C)				
220V	1A	1.0				
220V	1A	0.5(L)				
220V	1A	0.8(C)				

附件 1.5 计量比对试验结果报告

单位名称	
试验日期	年　月　日 ~　年　月　日
传递标准编号	

电压	电流	功率因数	相对误差/%	合成标准不确定度/%	扩展测量不确定度/%($k=2$)
220V	5A	1.0			
220V	5A	0.5(L)			
220V	5A	0.8(C)			
220V	1A	1.0			
220V	1A	0.5(L)			
220V	1A	0.8(C)			

单位名称(盖章)：

日　期：　年 月 日

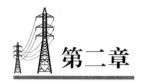

第二章

主导实验室电能量值测量不确定度评定

2.1　概述

1）测量依据:JJG 1085—2013《标准电能表检定规程》

2）环境条件:温度:20.8℃　相对湿度:46% RH

3）测量标准:三相电能表检定装置,型号为 ST－8300,编号为 321105,规格为(57.7～380)V、(0.1～120)A,准确度等级 0.01 级。

4）被测对象:三相标准电能表,型号为 RD1300,编号为 160902,规格为(60～480)V、(0.2～100)A,准确度等级 0.02 级。

5）测量过程:装置输出一定功率给被测表,并对被测表进行采样积分,得到的电能值与装置输出的标准电能值比较,得到被测表在该功率时的相对误差。

6）评定结果的使用:符合上述条件的测量结果,一般可直接使用本不确定度的评定方法。

2.2　测量模型

$$y = \chi \tag{2-1}$$

式中　y——被测三相标准电能表的相对误差;

　　　χ——三相电能表检定装置上测得的相对误差。

2.3　输入量的标准不确定度的评定

输入量 χ 的标准不确定度 $u(\chi)$ 的来源主要有两方面:

$u(\chi_1)$——在重复性条件下由被测电能表测量重复性引起的标准不确定度分项,采用 A 类评定方法。

$u(\chi_2)$——三相电能表检定装置的误差引起的标准不确定度分项,采用 B 类评定方法。

2.3.1　标准不确定度分项 $u_A(\chi_1)$ 的评定

该不确定度分项主要是由于被测电能表的测量重复性引起的,可以通过连续测量得到测量列,采用 A 类方法进行评定。

由于本次比对路线采用的是花瓣式比对，主导实验室为使整个比对过程受控，选择在比对开始之前、比对过程中、比对结束之后 3 个时间节点对被测对象进行重复测量。试验人员对被测电能表在 $\cos\phi=1.0$、$\cos\phi=0.5(L)$、$\cos\phi=0.8(C)$，额定电压（电流）为 220V（5A）和 220V（1A）时，各连续测量 10 次，得到 18 组测量值，如表 2.1 所示：

由于实际工作中，测得误差为进行两次测量后所得的平均值，所以：

$$\cos\phi=1.0、220V、5A\ 点时，标准不确定度为\ u_A(\chi_1)=s_p/\sqrt{2}=\frac{\sqrt{\dfrac{\sum s_i^2}{m}}}{\sqrt{2}}$$

$$=0.000\ 15\%$$

$$\cos\phi=0.5(L)、220V、5A\ 点时，标准不确定度为\ u_A(\chi_2)=s_p/\sqrt{2}=\frac{\sqrt{\dfrac{\sum s_i^2}{m}}}{\sqrt{2}}$$

$$=0.000\ 26\%$$

$$\cos\phi=0.8(C)、220V、5A\ 点时，标准不确定度为\ u_A(\chi_3)=s_p/\sqrt{2}=\frac{\sqrt{\dfrac{\sum s_i^2}{m}}}{\sqrt{2}}$$

$$=0.000\ 38\%$$

$$\cos\phi=1.0、220V、1A\ 点时，标准不确定度为\ u_A(\chi_4)=s_p/\sqrt{2}=\frac{\sqrt{\dfrac{\sum s_i^2}{m}}}{\sqrt{2}}$$

$$=0.000\ 14\%$$

$$\cos\phi=0.5(L)、220V、1A\ 点时，标准不确定度为\ u_A(\chi_5)=s_p/\sqrt{2}=\frac{\sqrt{\dfrac{\sum s_i^2}{m}}}{\sqrt{2}}$$

$$=0.000\ 22\%$$

$$\cos\phi=0.8(C)、220V、1A\ 点时，标准不确定度为\ u_A(\chi_6)=s_p/\sqrt{2}=\frac{\sqrt{\dfrac{\sum s_i^2}{m}}}{\sqrt{2}}$$

$$=0.000\ 45\%$$

自由度：$\nu(\chi)=m(n-1)=3(10-1)=27$

2.3.2　标准不确定度 $u_B(\chi_2)$ 的评定

该标准不确定度分项主要是由三相电能表检定装置的标准不确定度引起的，该三相电能表检定装置的准确度等级为 0.01 级，经上一级溯源单位校准合格，符合其技术指标要求。则最大允许误差为 ±0.01%，在区间内服从均匀分布，包含因子 $k=\sqrt{3}$，区间半宽

表 2.1　被测电能表的相对误差

组数	次数										$s_i/\%$	s_p
	1	2	3	4	5	6	7	8	9	10		
1组	-0.015	-000 7	-0.000 8	-0.001 2	-0.001 0	-0.000 8	-0.000 7	-0.000 8	-0.000 7	-0.000 8	0.000 3	220V、5A、1.0 $s_p=0.000\,2$
2组	-0.000 2	0.000 0	-0.000 2	0.000 0	-0.000 2	0.000 0	-0.000 2	0.000 2	0.000 0	0.000 3	0.000 2	
3组	0.000 0	-0.000 2	0.000 0	-0.000 2	-0.000 3	-0.000 2	-0.000 3	-0.000 2	-0.000 2	-0.000 2	0.000 1	
4组	-0.001 0	-0.001 7	-0.001 0	-0.001 7	-0.001 0	-0.001 0	-0.001 3	-0.001 0	-0.000 7	-0.001 0	0.000 4	220V、5A、0.5L $s_p=0.000\,4$
5组	-0.000 7	-0.001 0	-0.001 3	-0.000 7	-0.001 3	-0.001 0	-0.001 3	-0.001 7	-0.000 7	-0.001 3	0.000 3	
6组	-0.000 7	-0.001 7	-0.000 7	-0.001 7	-0.000 7	-0.001 3	-0.001 7	-0.000 7	-0.001 0	-0.001 3	0.000 4	
7组	0.000 0	-0.000 8	0.000 8	0.000 0	0.000 8	0.000 0	0.000 8	0.000 8	0.000 0	0.000 8	0.000 6	220V、5A、0.8C $s_p=0.000\,5$
8组	0.000 8	0.000 00	0.000 8	0.000 0	0.000 8	0.000 0	0.000 8	0.000 0	0.000 8	0.000 0	0.000 4	
9组	-0.000 8	0.000 0	-0.000 8	0.000 0	-0.000 8	0.000 5	0.000 8	0.000 8	0.000 8	0.000 8	0.000 6	
10组	0.001 0	0.000 5	0.001 0	0.000 7	0.000 8	0.000 5	0.000 8	0.001 0	0.000 7	0.001 0	0.000 2	220V、1A、1.0 $s_p=0.000\,2$
11组	0.000 7	0.001 2	0.000 8	0.001 0	0.001 2	0.000 8	0.001 0	0.001 3	0.001 0	0.001 2	0.000 2	
12组	0.000 7	0.000 3	0.000 7	0.000 5	0.001 0	0.000 5	0.000 3	0.001 0	0.000 7	0.000 5	0.000 2	
13组	0.004 3	0.004 0	0.004 0	0.004 0	0.004 7	0.003 7	0.004 7	0.004 0	0.004 7	0.004 3	0.000 3	220V、1A、0.5L $s_p=0.000\,3$
14组	0.004 0	0.004 7	0.004 0	0.004 3	0.003 7	0.004 7	0.003 7	0.004 0	0.004 3	0.004 7	0.000 4	
15组	0.004 0	0.004 3	0.003 7	0.004 0	0.004 3	0.004 0	0.003 7	0.004 3	0.004 0	0.003 7	0.000 2	
16组	-0.000 8	0.000 0	-0.000 8	0.000 0	-0.000 8	0.000 0	-0.000 8	0.000 8	0.000 0	-0.000 8	0.000 6	220V、1A、0.8C $s_p=0.000\,6$
17组	0.000 8	0.000 0	-0.000 8	0.000 0	0.000 8	-0.000 8	0.000 0	-0.000 8	0.000 0	-0.000 8	0.000 6	
18组	-0.001 7	-0.000 8	-0.001 7	0.000 0	-0.000 8	-0.001 7	-0.000 8	-0.001 7	0.000 0	-0.001 7	0.000 7	

$a = 0.01\%$,则标准不确定度为:

$$u_B(\chi_2) = 0.01\% / \sqrt{3} = 0.005\,8\% \qquad (2-2)$$

取 $\sigma[u(\chi_2)]/u(\chi_2) = 0.10$,则 $\nu(\chi_2) = 50$

2.4 相对扩展不确定度的评定

2.4.1 灵敏系数

测量模型: $\qquad\qquad y = \chi \qquad\qquad\qquad (2-3)$

灵敏系数: $\qquad\qquad c = 1 \qquad\qquad\qquad (2-4)$

2.4.2 各不确定度分量汇总及计算表

将各不确定度分量汇总为如表 2.2 所示的 Excel 表格,在表格的下端用于输入被测表和标准装置的技术指标:合成标准不确定度 u_c(其单位与输入量程的单位相同)、有效自由度 ν_{eff} 和扩展不确定度 U_{95}(其单位与输入量程的单位相同)的计算。

以 $\cos\phi = 1.0$、220V、5A 点为例:

表 2.2 各不确定度分量汇总及扩展不确定度计算电子表格

序号	不确定度来源	a_i	k_i	$u(x_i)$	c_i	$c_i u(x_i)$	v_i
1	标准装置测量准确度	0.01	1.73	0.005 8	−1	−0.005 8	50
2	被检表的测量重复性			0.000 15	1	0.000 15	27
$u_c = 0.005\,8$		$\nu_{eff} = 50$		$U_{95rel} = 0.011\,6$		$k_{95} = 2.01$	
被检表的测量点:$X = 220V$、5A、1.0							

各输入量估计值彼此不相关,合成标准不确定度按 $u_c = \sqrt{\sum c_i^2 u^2(x_i)}$ 计算。

有效自由度按 $\nu_{eff} = \dfrac{u_c^4}{\sum\limits_{i=1}^{N} \dfrac{[c_i u_i(x_i)]^4}{v_i}}$ 计算。

取包含概率 $p = 95\%$,由 $\nu_{eff} = 50$,查 t 分布表得到:

$$k_{95} = t_{95}(\nu_{eff}) = t_{95}(50) = 2.01 \qquad (2-5)$$

相对扩展不确定度 U_{95rel} 为

$$U_{95rel} = 0.011\,6\%$$

各测试点测量不确定度及自由度汇总如表 2.3 所示:

表 2.3　各测试点测量不确定度及自由度汇总表

测试点	$u_A(\chi)/\%$	$u_B(\chi_2)/\%$	灵敏系数 $\|c\|$	$u_c(\chi)/\%$	k_{95}	$U_{95rel}/\%$	v_{eff}
$\cos\phi = 1.0$、220 V、5A	0.000 15	0.005 8	1	0.005 8	2.01	0.011 6	50
$\cos\phi = 0.5(L)$、220V、5A	0.000 26	0.005 8	1	0.005 8	2.01	0.011 6	50
$\cos\phi = 0.8(C)$、220V、5A	0.000 38	0.005 8	1	0.005 8	2.01	0.011 6	50
$\cos\phi = 1.0$、220V、1A	0.000 14	0.005 8	1	0.005 8	2.01	0.011 6	50
$\cos\phi = 0.5(L)$、220 V、1A	0.000 22	0.005 8	1	0.005 8	2.01	0.011 6	50
$\cos\phi = 0.8(C)$、220V、1A	0.000 45	0.005 8	1	0.005 8	2.01	0.011 7	51

2.5　测量不确定度的报告与表示

三相标准电能表计量比对原始记录见附件 2.1,依据原始记录给出的检定数据,可得测量不确定度的报告表示方式,如下:

$\cos\phi = 1.0$、220V、5A 点:$\gamma = -0.000\%$,$U_{95rel} = 0.012\%$,$\nu_{eff} = 50$。

$\cos\phi = 0.5(L)$、220V、5A 点:$\gamma = -0.002\%$,$U_{95rel} = 0.012\%$,$\nu_{eff} = 50$。

$\cos\phi = 0.8(C)$、220V、5A 点:$\gamma = +0.000\%$,$U_{95rel} = 0.012\%$,$\nu_{eff} = 50$。

$\cos\phi = 1.0$、220V、1A 点:$\gamma = +0.000\%$,$U_{95rel} = 0.012\%$,$\nu_{eff} = 50$。

$\cos\phi = 0.5(L)$、220V、1A 点:$\gamma = +0.004\%$,$U_{95rel} = 0.012\%$,$\nu_{eff} = 50$。

$\cos\phi = 0.8(C)$、220V、1A 点:$\gamma = -0.000\%$,$U_{95rel} = 0.012\%$,$\nu_{eff} = 51$。

附件2.1 三相标准电能表计量比对原始记录

委托单位	内蒙古电力科学研究院电能计量检测中心			
仪表名称	三相标准电能表		型号	RD1300
生产厂家	北京普华瑞迪科技有限公司		编号	160902
出厂日期	2016－9	准确度等级 0.02级	频率	50Hz
规格	(60~480)V (0.2~100)A		脉冲常数	$6 \times 10^7/[\text{imp}/(\text{kW} \cdot \text{h})]$ $3 \times 10^8/[\text{imp}/(\text{kW} \cdot \text{h})]$
校准日期	2017－8－29	预热时间 30min	辅助电源	220V 50Hz
校准员	海鸿业	核验员	余佳	
校准依据	JJG 1085—2013《标准电能表检定规程》			

计量检定机构授权证书号:(蒙)法计(2014)15021号

校准所用计量标准考核证书号:〔2006〕蒙量标证字第580号

校准环境条件: 温度:20℃ 湿度:51%RH

校准地点:和林电力科技园区电能实验室

所用的校准计量标准器:

名　称	测量范围	准确度等级	证书编号	证书有效期
三相标准电能表	(30~500)V (0.002~160)A	0.01级	SGCM011020170030	2018.4.19
三相电能表标准装置	(57.7~380)V (0.1~120)A	0.01级	SGCM011020150127	2017.11.10

测 量 结 果

平衡负载时:三相四线

电压	电流	功率因数	相对误差 $\gamma_1/\%$	相对误差 $\gamma_2/\%$	平均值 $\gamma/\%$	化整值 $\gamma/\%$
220V	5A	1.0	－0.001 0	－0.000 5	－0.000 8	－0.000
220V	5A	0.5(L)	－0.001 0	－0.001 3	－0.001 2	－0.002
220V	5A	0.8(C)	＋0.000 0	＋0.000 8	＋0.000 4	＋0.000
220V	1A	1.0	＋0.001 0	＋0.000 8	＋0.000 9	＋0.000
220V	1A	0.5(L)	＋0.004 7	＋0.004 3	＋0.004 5	＋0.004
220V	1A	0.8(C)	－0.000 8	＋0.000 0	－0.000 4	－0.000

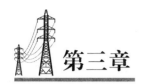

第三章

2017 年内蒙古电网电能量值比对报告

参加比对单位：

内蒙古电力科学研究院电能计量检测中心

锡林郭勒电业局电能计量中心

乌兰察布电业局电能计量中心

鄂尔多斯电业局电能计量中心

薛家湾供电局电能计量中心

巴彦淖尔电业局电能计量中心

乌海电业局计量中心

阿拉善电业局电能计量中心

包头供电局电能计量中心

内蒙古超高压供电局计量中心

呼和浩特供电局电能计量中心

3.1 比对的目的及意义

电能计量装置是电网与电厂间、电网与电网间、电网与用户间贸易结算用的强制检定计量器具，电力系统的许多重要经济指标，如发电量、供电量、售电量、线损等数据，都来源于电能计量装置，因此电能计量装置的准确性对电力系统至关重要，直接关系到发电、供电、用电多方的经济利益。而电能表作为电能计量装置的重要组成部分，其准确性要求尤为突出。

内蒙古电网目前有 10 家盟市级电能计量中心，一直负责对所管辖的区域开展电能量值传递工作，运行良好。为了验证内蒙古电网供电区域电能计量的准确性、一致性，内蒙古电力公司营销部决定开展一次 10 家盟市级电能计量中心最高电能标准装置比对工作，由内蒙古电力科学研究院电能计量检测中心组织实施。

本次比对的目的是为了考察电能量值的一致程度，考察实验室电能标准的准确度以及检定人员实际操作水平及数据处理的准确程度。

3.2 实施过程

2017 年 6 月 26 日由内蒙古电力公司营销部下发了《关于开展内蒙古电力公司法定计量检定机构量值比对的通知》《2017 年电能量值比对实施方案》《2017 年电流互感器量值比对实施方案》。

2017 年 7 月～2017 年 8 月，内蒙古地区 10 个盟市级电能计量中心实施了电能最高标准装置的比对工作。本次比对将参加的实验室分为 2 个组，采取花瓣式比对路线。每个实验室应当在 3 个工作日内完成所有比对实验，并将传递标准送至下一个参比实验室。希望各实验室提前做好比对准备工作并严格遵守时间安排，以便保证比对工作的顺利进行。

为了增加此次比对工作的公正性和比对结果考核的科学性，内蒙古电力科学研究院电能计量检测中心作为主导实验室参加，其 0.01 级电能标准是全区电能计量的溯源标准，同时为了验证传递标准的稳定性、可靠性，内蒙古电力科学研究院电能计量检测中心在比对前、比对中和比对后对传递标准分别进行了 3 次误差试验。

3.3 实验室职责

3.3.1 主导实验室主要职责

负责比对技术方案的制定，比对计划的具体实施，确定比对时间表，解决比对工作中各种技术问题，汇总并分析比对结果，起草比对总结报告等。同时负责对比对具体实施过程进行全程的监督指导，包括组织协调各方关系，对比对的技术方案和比对总结报告的审定和上报等；如遇异常情况，及时向比对组织者联系。

3.3.2 参比实验室责任

按照比对实施方案的进度完成比对工作，并记录比对全过程。按时向主导实验室上报原始记录、测量结果及其不确定度评定报告，参加比对总结及其相关技术活动。参比实验室应指定比对负责人，将负责人信息报至主导实验室。负责人职责是协调该单位比对的各个环节，包括样品接受、测试、传递等，保证按要求准确、安全、及时完成整个比对任务。

3.4 比对的依据

JJG 1085—2013《标准电能表检定规程》

JJF 1117—2010《计量比对规范》

JJF 1059.1—2012《测量不确定度评定与表示》

3.5 传递标准及比对试验点的选取

3.5.1 传递标准及特性描述

本次比对的传递标准由主导实验室提供。主导实验室选取了北京普华瑞迪科技有限公司生产的三相标准电能表作为传递标准,计量性能可靠,稳定性良好。传递标准的详细参数见表 3.1。

表 3.1 传递标准详细参数

型号	规格	编号	准确度等级
RD1300	$(60 \sim 480)\,V$ $(0.2 \sim 100)\,A$	160902	0.02 级
工作环境温度 $(20 \pm 1)℃$		湿度 $(60 \pm 15)\% RH$	

3.5.2 传递标准电能表误差参考值及其不确定度的确定方法

选定的传递标准经主导实验室确认后,在内蒙古电力科学研究院电能计量检测中心进行检测,确定参考值及其不确定度。

3.5.3 传递标准的使用和运输

3.5.3.1 传递标准的使用

标准电能表参比条件见 JJG 1085—2013《标准电能表检定规程》。

3.5.3.2 传递标准的运输

传递标准传送过程中应避免剧烈震动,避免温度剧烈变化以及长时间处于高温状态下,以确保样品准确度不受影响。传递标准必须由专人护送到下一个比对地点,不准采取其他的传送方式,传递标准自交接时起,到交到下一单位为止,由接收单位负责其安全。

3.5.4 传递标准的交接

传递标准交接时,应由发送实验室和接受实验室的技术人员共同检查传递标准的状况,如有缺损等异常情况请立即通知主导实验室,填写传递标准交接记录单,护送传递标准的单位应将交接单随传递标准放置在包装箱内,接收单位收到传递标准后,填写的交接单,一式两份,双方经办人签字后各执一联,同时传真至主导实验室,以便主导实验室监控传递标准的状态。

3.5.5 比对试验点的选取

比对试验点选取了不同量程、不同功率因数的 6 个点,详细参数见表 3.2。

表 3.2　电能量值比对试验点

电压/V	电流/A	功率因数	脉冲常数/$[\mathrm{imp}/(\mathrm{kW \cdot h})]$
220	5	1.0	6×10^7
		0.5(L)	
		0.8(C)	
	1	1.0	3×10^8
		0.5(L)	
		0.8(C)	

3.6　意外情况处理和保密规定

在运输、交接、试验等过程中,一旦发现比对用传递标准出现有可能影响准确度的任何异常,请与主导实验室联系,不得擅自处理。经主导实验室确认不影响比对结果的,传递标准继续传递,若比对用样品出现明显损坏或经主导实验室确认可能影响比对结果的,将启用备用样品重新进行传递。

参比实验室因特殊理由需延长比对时间,应及时书面向比对组织者申请,得到批准后方可延时。

为了确保本次比对的真实性与公正性,在比对总结报告正式公布前,主导实验室、各参比实验室的相关人员均应对比对结果保密,不允许出现任何形式的数据串通,不得泄露任何与比对结果有关的信息,一经发现,上报公司营销处,给予通报。

3.7　传递标准的稳定性考核

为了验证传递标准的稳定性和运输可靠性,内蒙古电力科学研究院电能计量检测中心在比对前、比对中和比对后对传递标准分别进行了 3 次误差试验。每次测量 10 组误差数据。

试验结果表明本次比对选用的标准是非常稳定的,试验人员取每次误差试验的算数平均值 $\bar{y}_i$ 进行传递标准的稳定性考核,然后将相邻两年的算数平均值之差作为该传递标准在该时段内的稳定性。两个月中该传递标准所有点的误差数据均小于 0.02%(见表 3.3),并且在各时段内各点的稳定性数据均不超过其准确度等级(0.02 级)的 1/5,即 0.004%,稳定性考核结果满意,对比对结果的影响可以忽略。具体数据见表 3.4。

表 3.3　比对期间传递标准的试验数据误差

试验点	10 组数据										平均值 /%
	1	2	3	4	5	6	7	8	9	10	
220V、5A、cosφ=1.0	-0.0015	-0.0007	-0.0008	0.0012	-0.0010	-0.0008	-0.0007	-0.0008	-0.0007	-0.0008	-0.0009
	-0.0002	0.0000	-0.0002	0.0000	-0.0002	0.0000	-0.0002	0.0002	0.0000	0.0003	0.0000
	0.0000	-0.0002	0.0000	-0.0002	-0.0003	-0.0002	-0.0003	-0.0002	0.0000	-0.0002	-0.0002
220V、5A、cosφ=0.5(L)	-0.0010	-0.0017	-0.0010	-0.0017	0.0010	-0.0007	-0.0013	-0.0010	-0.0007	-0.0010	-0.0011
	-0.0007	-0.0010	-0.0013	-0.0007	-0.0013	-0.0010	-0.0013	-0.0017	-0.0007	-0.0013	-0.0011
	-0.0007	-0.0017	-0.0007	-0.0017	-0.0007	-0.0013	-0.0017	-0.0007	-0.0010	-0.0013	-0.0012
220V、5A、cosφ=0.8(C)	0.0000	-0.0008	0.0008	0.0000	0.0008	0.0000	0.0008	0.0008	0.0000	0.0008	0.0003
	0.0008	0.0000	0.0008	0.0000	0.0008	0.0000	0.0008	0.0000	0.0008	0.0000	0.0004
	-0.0008	0.0000	-0.0008	0.0000	-0.0008	0.0000	0.0008	-0.0008	0.0000	0.0008	-0.0002
220V、1A、cosφ=1.0	0.0010	0.0005	0.0010	0.0007	0.0008	0.0005	0.0008	0.0010	0.0007	0.0010	0.0008
	0.0007	0.0012	0.0008	0.0010	0.0012	0.0008	0.0010	0.0013	0.0010	0.0012	0.0010
	0.0007	0.0003	0.0007	0.0005	0.0010	0.0005	0.0003	0.0010	0.0007	0.0005	0.0006
220V、1A、cosφ=0.5(L)	0.0043	0.0040	0.0043	0.0040	0.0047	0.0037	0.0047	0.0040	0.0047	0.0043	0.0043
	0.0040	0.0047	0.0040	0.0043	0.0037	0.0047	0.0037	0.0040	0.0043	0.0047	0.0042
	0.0040	0.0043	0.0037	0.0040	0.0043	0.0040	0.0037	0.0043	0.0040	0.0037	0.0040
220V、1A、cosφ=0.8(C)	-0.0008	0.0000	-0.0008	0.0000	-0.0008	0.0000	-0.0008	0.0008	0.0000	-0.0009	-0.0003
	0.0008	0.0000	-0.0008	0.0000	0.0008	-0.0008	0.0000	-0.0008	0.0000	-0.0008	-0.0002
	-0.0017	-0.0008	-0.0017	0.0000	-0.0008	-0.0017	-0.0008	-0.0017	0.0000	-0.0017	-0.0011

表3.4　比对期间传递标准的稳定性考核结果误差

比对点	比对日期			$|\overline{y_2}-\overline{y_1}|/\%$	$|\overline{y_3}-\overline{y_2}|/\%$	考核结果
	2017.7.1	2017.8.1	2017.8.30			
三相四线 220V　5A $\cos\phi=1.0$	-0.000 9	+0.000 0	-0.000 2	0.000 9	0.000 2	满意
三相四线 220V　5A $\cos\phi=0.5(L)$	-0.001 1	-0.001 1	-0.001 2	0.000 0	0.000 1	满意
三相四线 220V　5A $\cos\phi=0.8(C)$	+0.000 3	+0.000 4	-0.000 2	0.000 1	0.000 6	满意
三相四线 220V　1A $\cos\phi=1.0$	+0.000 8	+0.001 0	+0.000 6	0.000 2	0.000 4	满意
三相四线 220V　1A $\cos\phi=0.5(L)$	+0.004 3	+0.004 2	+0.004 0	0.000 1	0.000 2	满意
三相四线 220V　1A $\cos\phi=0.8(C)$	-0.000 3	-0.000 2	-0.001 1	0.000 1	0.000 9	满意

3.8　参比实验室的测量结果及不确定度汇总

参加比对的10家电能计量中心均是内蒙古质量技术监督局授权的法定计量检定机构。参加比对单位以其最高三相电能标准装置为标准，以传递标准为被试品，按表2规定点测量出各点相对误差后，出具检测原始记录。同时要求提供测量结果扩展不确定度评定报告，报告中要给出各试验点的扩展不确定度 U、包含因子 k 及有效自由度 v_{eff}。测量结果的扩展不确定度评定方法参见 JJF 1059.1—2012《测量不确定度评定与表示》。各参比实验室的测量结果及扩展不确定度见表3.5。

表 3.5 参比实验室的测量结果及不确定度汇总表

序号	参比实验室	试验点	测量结果 $\gamma/\%$	合成标准不确定度 $u_c/\%$	扩展不确定度 $U/\%$	包含因子 k	有效自由度 v_{eff}
1	包头供电局电能计量中心	三相四线 220V 5A $\cos\phi = 1.0$	−0.004	0.018	0.036	2	14
		三相四线 220V 5A $\cos\phi = 0.5(L)$	−0.008	0.018	0.036	2	14
		三相四线 220V 5A $\cos\phi = 0.8(C)$	−0.002	0.018	0.036	2	14
		三相四线 220V 1A $\cos\phi = 1.0$	−0.004	0.018	0.036	2	14
		三相四线 220V 1A $\cos\phi = 0.5(L)$	−0.010	0.018	0.036	2	14
		三相四线 220V 1A $\cos\phi = 0.8(C)$	−0.002	0.018	0.036	2	14
2	巴彦淖尔电业局电能计量中心	三相四线 220V 5A $\cos\phi = 1.0$	−0.002	0.011 5	0.02	2	—
		三相四线 220V 5A $\cos\phi = 0.5(L)$	−0.006	0.011 5	0.02	2	—
		三相四线 220V 5A $\cos\phi = 0.8(C)$	−0.000	0.011 5	0.02	2	—
		三相四线 220V 1A $\cos\phi = 1.0$	−0.002	0.011 5	0.02	2	—
		三相四线 220V 1A $\cos\phi = 0.5(L)$	−0.004	0.011 5	0.02	2	—
		三相四线 220V 1A $\cos\phi = 0.8(C)$	−0.002	0.011 5	0.02	2	—

续表

序号	参比实验室	试验点	测量结果 $\gamma/\%$	合成标准不确定度 $u_c/\%$	扩展不确定度 $U/\%$	包含因子 k	有效自由度 v_{eff}
3	乌海电业局计量中心	三相四线 220V 5A $\cos\phi = 1.0$	+0.002	0.017 3	0.035	2	——
		三相四线 220V 5A $\cos\phi = 0.5(L)$	+0.000	0.017 3	0.035	2	——
		三相四线 220V 5A $\cos\phi = 0.8(C)$	+0.002	0.017 3	0.035	2	——
		三相四线 220V 1A $\cos\phi = 1.0$	+0.002	0.017 3	0.035	2	——
		三相四线 220V 1A $\cos\phi = 0.5(L)$	+0.000	0.017 3	0.035	2	——
		三相四线 220V 1A $\cos\phi = 0.8(C)$	+0.002	0.017 3	0.035	2	——
4	阿拉善电业局电能计量中心	三相四线 220V 5A $\cos\phi = 1.0$	−0.006	0.01	0.02	2	——
		三相四线 220V 5A $\cos\phi = 0.5(L)$	−0.008	0.01	0.02	2	——
		三相四线 220V 5A $\cos\phi = 0.8(C)$	−0.004	0.01	0.02	2	——
		三相四线 220V 1A $\cos\phi = 1.0$	−0.004	0.01	0.02	2	——
		三相四线 220V 1A $\cos\phi = 0.5(L)$	−0.008	0.01	0.02	2	——
		三相四线 220V 1A $\cos\phi = 0.8(C)$	−0.004	0.01	0.02	2	——

续表

序号	参比实验室	试验点	测量结果 $\gamma/\%$	合成标准不确定度 $u_c/\%$	扩展不确定度 $U/\%$	包含因子 k	有效自由度 v_{eff}
5	鄂尔多斯电业局电能计量中心	三相四线 220V 5A $\cos\phi = 1.0$	−0.004	0.011 5	0.023	2	—
		三相四线 220V 5A $\cos\phi = 0.5(L)$	−0.006	0.011 5	0.023	2	—
		三相四线 220V 5A $\cos\phi = 0.8(C)$	−0.002	0.011 5	0.023	2	—
		三相四线 220V 1A $\cos\phi = 1.0$	−0.004	0.011 5	0.023	2	—
		三相四线 220V 1A $\cos\phi = 0.5(L)$	−0.006	0.011 7	0.023	2	—
		三相四线 220V 1A $\cos\phi = 0.8(C)$	−0.004	0.011 5	0.023	2	—
6	薛家湾供电局电能计量中心	三相四线 220V 5A $\cos\phi = 1.0$	+0.004	0.017	0.035	2	50
		三相四线 220V 5A $\cos\phi = 0.5(L)$	−0.004	0.023	0.046	2	50
		三相四线 220V 5A $\cos\phi = 0.8(C)$	+0.004	0.023	0.046	2	50
		三相四线 220V 1A $\cos\phi = 1.0$	+0.002	0.017	0.035	2	50
		三相四线 220V 1A $\cos\phi = 0.5(L)$	+0.000	0.023	0.046	2	50
		三相四线 220V 1A $\cos\phi = 0.8(C)$	+0.004	0.023	0.046	2	50

续表

序号	参比实验室	试验点	测量结果 $\gamma/\%$	合成标准不确定度 $u_c/\%$	扩展不确定度 $U/\%$	包含因子 k	有效自由度 v_{eff}
7	锡林郭勒电业局电能计量中心	三相四线 220V 5A $\cos\phi=1.0$	+0.000	0.019	0.038	2	—
		三相四线 220V 5A $\cos\phi=0.5(L)$	+0.006	0.049	0.098	2	—
		三相四线 220V 5A $\cos\phi=0.8(C)$	−0.002	0.037	0.074	2	—
		三相四线 220V 1A $\cos\phi=1.0$	+0.000	0.018	0.036	2	—
		三相四线 220V 1A $\cos\phi=0.5(L)$	+0.004	0.024	0.048	2	—
		三相四线 220V 1A $\cos\phi=0.8(C)$	−0.002	0.021	0.042	2	—
8	乌兰察布电业局电能计量中心	三相四线 220V 5A $\cos\phi=1.0$	−0.006	0.017	0.034	2	50
		三相四线 220V 5A $\cos\phi=0.5(L)$	−0.006	0.023	0.046	2	50
		三相四线 220V 5A $\cos\phi=0.8(C)$	−0.004	0.023	0.046	2	50
		三相四线 220V 1A $\cos\phi=1.0$	−0.006	0.017	0.034	2	50
		三相四线 220V 1A $\cos\phi=0.5(L)$	−0.008	0.023	0.046	2	50
		三相四线 220V 1A $\cos\phi=0.8(C)$	−0.004	0.023	0.046	2	50

续表

序号	参比实验室	试验点	测量结果 $\gamma/\%$	合成标准不确定度 $u_c/\%$	扩展不确定度 $U/\%$	包含因子 k	有效自由度 v_{eff}
9	呼和浩特供电局电能计量中心	三相四线 220V 5A $\cos\phi = 1.0$	−0.002	0.093	0.186	2	—
		三相四线 220V 5A $\cos\phi = 0.5(L)$	−0.006	0.031	0.062	2	—
		三相四线 220V 5A $\cos\phi = 0.8(C)$	−0.002	0.012	0.024	2	—
		三相四线 220V 1A $\cos\phi = 1.0$	−0.002	0.012	0.024	2	—
		三相四线 220V 1A $\cos\phi = 0.5(L)$	−0.000	0.006	0.012	2	—
		三相四线 220V 1A $\cos\phi = 0.8(C)$	−0.004	0.022	0.044	2	—
10	内蒙古超高压供电局计量中心	三相四线 220V 5A $\cos\phi = 1.0$	−0.002	0.017	0.035	2	—
		三相四线 220V 5A $\cos\phi = 0.5(L)$	−0.003	0.017	0.035	2	—
		三相四线 220V 5A $\cos\phi = 0.8(C)$	−0.002	0.017	0.035	2	—
		三相四线 220V 1A $\cos\phi = 1.0$	−0.003	0.017	0.035	2	—
		三相四线 220V 1A $\cos\phi = 0.5(L)$	−0.003	0.017	0.035	2	—
		三相四线 220V 1A $\cos\phi = 0.8(C)$	−0.003	0.017	0.035	2	—

3.9 量值比对过程

3.9.1 参考值的确定

依据 JJF 1117—2010《计量比对规范》附录 D 中的规定,"当参比实验室的量值是由某一实验室的同一量值(直接或间接)传递而来时,应采用该实验室的量值作为参考值。该量值通常为国家计量基准或上一级计量标准。"本次量值比对选取主导实验室——内蒙古电力科学研究院电能计量检测中心的量值作为参考值。

3.9.2 离群值的判别与剔除

通常情况下,应用格拉布斯准则判定各参比实验室的测量结果是否存在离群值,但是各参比实验室所用的不确定度评定方法各不相同,不确定度来源判定各异,故不宜进行离群值的判别与剔除。

3.9.3 参比实验室比对结果的评价

通常情况下,参比实验室的测量结果与其不确定度的一致性用归一化偏差 E_n 进行评价。

通过归一化偏差 E_n 评价的计算公式如下:

$$E_n = \frac{Y_{ji} - Y_{ri}}{k u_i} \qquad (3-1)$$

式中　k——包含因子,一般情况 $k = 2$;

Y_{ji}——第 j 个参比实验室上报的在第 i 个测量点上的测量结果;

Y_{ri}——第 i 个测量点上主导实验室的测量结果;

u_i——第 i 个测量点上 $Y_{ji} - Y_{ri}$ 的标准不确定度。

当 u_{ri} 与 u_{ji} 相互无关或相关较弱时:

$$u_i = \sqrt{u_{ji}^2 + u_{ri}^2 + u_{ei}^2} \qquad (3-2)$$

式中　u_{ri}——第 i 个测量点上参考值的标准不确定度;

u_{ji}——第 j 个实验室在第 i 个测量点上测量结果的标准不确定度;

u_{ei}——传递标准在第 i 个测量点上在比对期间的不稳定性对测量结果的影响。

本次电能量值比对中,在比对期间的不稳定性对测量结果的影响可以忽略,故不用考虑。

比对结果一致性的评判原则:

$|E_n| \leq 1$　参比实验室的测量结果与参考值之差在合理的预期之内,比对结果可接受。

$|E_n| > 1$ 参比实验室的测量结果与参考值之差没有达到合理的预期,应分析原因。

例如:包头供电局计量中心归一化偏差 E_n(表 3.6)评价如下:

当试验参数为 220V、5A、$\cos\phi = 1.0$ 时,

$$E_{\text{n}} = \frac{Y_{11} - Y_{r1}}{k_1 u_1} = \frac{-0.004 + 0.000}{2 u_1} = \frac{-0.004 + 0.000}{2\sqrt{0.005\,8^2 + 0.018^2}} = -0.106 \quad (3-3)$$

表 3.6 归一化偏差 E_{n} 值计算表

序号	实验室名称	试验点	k	u_{ij}	u	Y_{ji}	Y	E_{n}
1	内蒙古电力科学研究院	220V、5A、1.0	2	0.005 8		− 0.000		
		220V、5A、0.5(L)	2	0.005 8		− 0.002		
		220V、5A、0.8(C)	2	0.005 8		0.000		
		220V、1A、1.0	2	0.005 8		0.000		
		220V、1A、0.5(L)	2	0.005 8		0.004		
		220V、1A、0.8(C)	2	0.005 8		− 0.000		
2	包头供电局电能计量中心	220V、5A、1.0	2	0.018	0.018 9	− 0.004	− 0.004	− 0.106
		220V、5A、0.5(L)	2	0.018	0.018 9	− 0.008	− 0.006	− 0.159
		220V、5A、0.8(C)	2	0.018	0.018 9	− 0.002	− 0.002	− 0.053
		220V、1A、1.0	2	0.018	0.018 9	− 0.004	− 0.004	− 0.106
		220V、1A、0.5(L)	2	0.018	0.018 9	− 0.010	− 0.014	− 0.370
		220V、1A、0.8(C)	2	0.018	0.018 9	− 0.002	− 0.002	− 0.053

3.9.4 E_{n} 值汇总表

E_{n} 值汇总表见表3.7。

表 3.7 E_{n} 值汇总表

序号	参比实验室	220V 5A cosϕ = 1.0	220V 5A cosϕ = 0.5(L)	220V 5A cosϕ = 0.8(C)	220V 1A cosϕ = 1.0	220V 1A cosϕ = 0.5(L)	220V 1A cosϕ = 0.8(C)	比对结果
1	包头供电局电能计量中心	− 0.106	− 0.159	− 0.053	− 0.106	− 0.370	− 0.053	满意
2	巴彦淖尔电业局电能计量中心	− 0.078	− 0.155	+ 0.000	− 0.078	− 0.311	− 0.078	满意
3	乌海电业局计量中心	+ 0.055	+ 0.055	+ 0.055	+ 0.055	− 0.110	+ 0.055	满意
4	阿拉善电业局电能计量中心	− 0.260	− 0.260	− 0.173	− 0.173	− 0.519	− 0.173	满意
5	鄂尔多斯电业局电能计量中心	− 0.155	− 0.155	− 0.078	− 0.155	− 0.383	− 0.155	满意
6	薛家湾供电局电能计量中心	+ 0.111	− 0.042	+ 0.084	+ 0.056	− 0.084	+ 0.084	满意

续表

序号	参比实验室	220V 5A cosϕ= 1.0	220V 5A cosϕ= 0.5(L)	220V 5A cosϕ= 0.8(C)	220V 1A cosϕ= 1.0	220V 1A cosϕ= 0.5(L)	220V 1A cosϕ= 0.8(C)	比对结果
7	锡林郭勒电业局电能计量中心	+0.000	+0.081	-0.027	+0.000	+0.000	-0.046	满意
8	乌兰察布电业局电能计量中心	-0.167	-0.084	-0.084	-0.167	-0.253	-0.084	满意
9	呼和浩特供电局电能计量中心	-0.011	-0.063	-0.075	-0.075	-0.240	-0.088	满意
10	内蒙古超高压供电局计量中心	-0.056	-0.028	-0.056	-0.084	-0.195	-0.084	满意

3.10 E_n 值示意图

图 3.1 ~ 图 3.6 为各参比实验室的 E_n 值在不同试验点下的点线图。

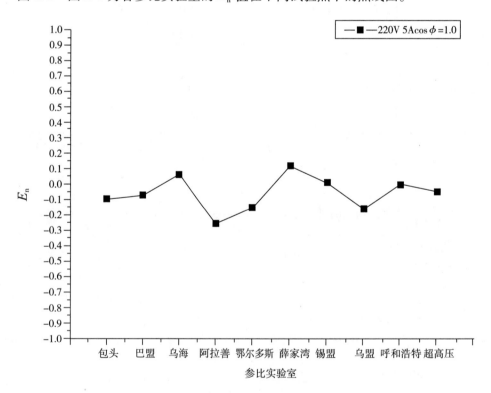

图 3.1 220V、5A、cosϕ=1.0 时的 E_n 值示意图

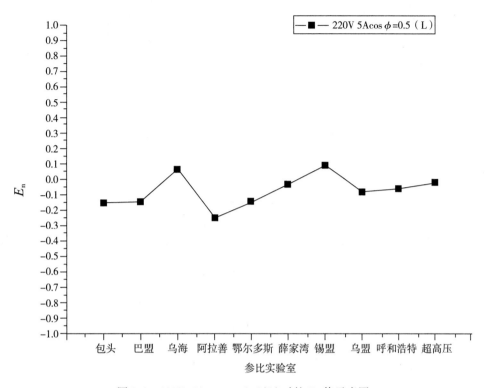

图 3.2　220V、5A、$\cos\phi = 0.5$(L)时的 E_n 值示意图

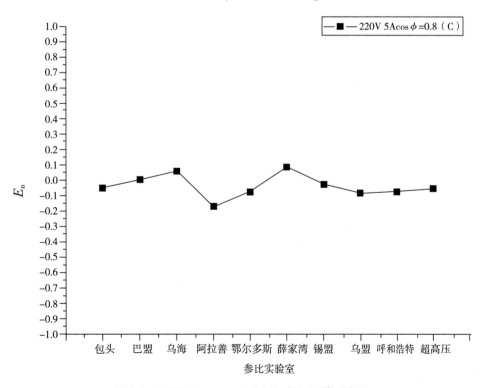

图 3.3　220V、5A、$\cos\phi = 0.8$(C)时的 E_n 值示意图

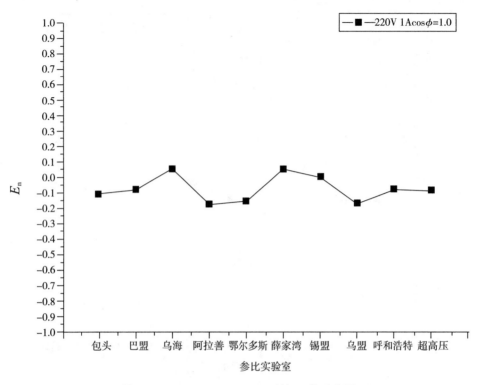

图 3.4 220V、1A、$\cos\phi = 1.0$ 时的 E_n 值示意图

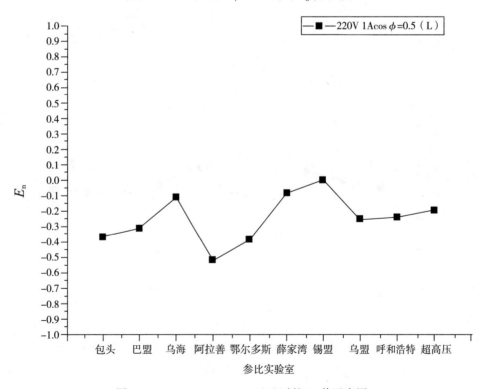

图 3.5 220V、1A、$\cos\phi = 0.5(L)$ 时的 E_n 值示意图

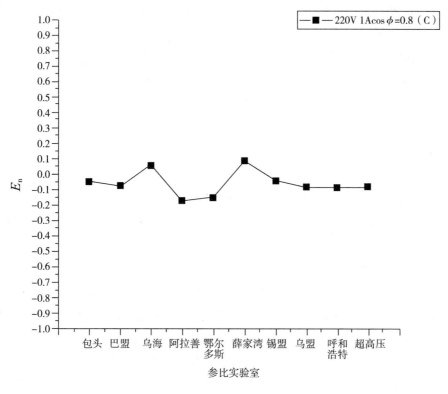

图 3.6 220V、1A、$\cos\phi = 0.8$（C）时的 E_n 值示意图

3.11 比对结论

（1）本次参比的实验室来自内蒙古电网盟市级的 10 家电能计量中心,主导实验室为内蒙古电力科学研究院电能计量检测中心。经过上述比对过程,结果表明,10 家参比实验室比对全部合格,比对结果令人满意。但是,一些参比实验室在不确定度评定及计算过程中存在错误,故比对结果存在一定的不可靠性。

（2）由于各参比实验室不确定度来源判定不同,不确定度计算方法各异,故不能得出 E_n 越小,比对结果越好的结论。

（3）通过此次比对可以看出,部分试验人员在计量比对和不确定度评定的理解和掌握上仍有欠缺,对于计量基础的深刻理解不够,希望各参比实验室以后能够加强此方面的学习。

（4）此次参加比对的 10 家电能计量中心所用的不确定度评定方法各有不同:锡林郭勒电业局和阿拉善电业局的 B 类不确定度分量是采用正态分布进行评定的:其他 8 家采用均匀分布,根据 JJG 1059.1—2012 建议采用均匀分布更为合适;鄂尔多斯电业局、巴彦淖尔电业局和呼和浩特供电局是将标准电能表的准确度等级引入了 B 类不确定度评定,人为缩小了 B 类不确定度分量,而将电能检定装置误差作为 B 类不确定度分量来源更为合理。

（5）个别参比实验室不确定度来源判别有待商榷。包头供电局单独考虑了上两级标准引入的不确定度，这样存在重复判定的可能。

（6）除薛家湾供电局、乌兰察布电业局外，其他参比实验室均未考虑传递标准在不同试验点准确度等级的差异性，导致人为缩小了一些试验点的不确定度，造成不确定度的计算错误。

（7）除薛家湾供电局、乌海电业局外，其他参比实验室在进行A类不确定度评定时，仅考虑传递标准的重复性试验本身，未与实际工作情况结合起来考虑，造成不确定度评定的偏差。

（8）部分参比实验室对环境条件的表述不够准确。乌海电业局、包头供电局、薛家湾供电局、呼和浩特供电局、锡林郭勒电业局、阿拉善电业局的不确定度报告中对湿度的表示方法有误。

（9）乌兰察布电业局、巴彦淖尔电业局、内蒙古超高压供电局、呼和浩特供电局、鄂尔多斯电业局在比对试验结果报告中未对相对误差进行准确化整；锡林郭勒电业局不应做出比对结论；内蒙古超高压供电局在误差修约中出现错误；薛家湾供电局在扩展不确定度的有效数字位数保留上出现问题；鄂尔多斯电业局的标准不确定度用 μ 表示，也出现错误。

（10）锡林郭勒电业局、薛家湾供电局、呼和浩特供电局、阿拉善电业局、巴彦淖尔电业局的检测依据填写错误。

（11）呼和浩特供电局、锡林郭勒电业局在合成标准不确定度的计算上出现错误。

3.12 编写说明

此次比对工作，从2017年6月策划到2017年9月顺利完成，一直得到内蒙古电力（集团）有限责任公司营销部、内蒙古电力科学研究院电能计量检测中心的大力支持以及内蒙古地区10家电能计量中心的积极配合，在此谨向内蒙古电力（集团）有限责任公司营销部、内蒙古电力科学研究院电能计量检测中心、锡林郭勒电业局电能计量中心、乌兰察布电业局电能计量中心、鄂尔多斯电业局电能计量中心、薛家湾供电局电能计量中心、巴彦淖尔电业局电能计量中心、乌海电业局计量中心、阿拉善电业局电能计量中心、包头供电局电能计量中心、内蒙古超高压供电局计量中心、呼和浩特供电局电能计量中心的领导、技术人员表示衷心的感谢。

此次比对工作，受到了内蒙古电力（集团）有限责任公司营销部燕伯峰处长，主导实验室内蒙古电力科学研究院电能计量检测中心董永乐主任的大力支持，全过程参与，使本次量值比对工作顺利、圆满完成。

希望内蒙古地区11家电能计量中心继续加强多种形式的技术交流，提升内蒙古电网供电区域电能计量技术水平。

参比授权机构名单及参比实验室分组情况和比对路线安排见附件3.1、附件3.2。

附件3.1　内蒙古电力(集团)有限责任公司参比授权机构名单

序号	机构名称	授权证书编号	负责人	负责人电话	备注
1	内蒙古电力科学研究院电能计量检测中心计量中心	(蒙)法计(2014)15021	董永乐	××××××××××	
2	乌海电业局计量中心	(蒙)法计(2014)15025	骆海波	××××××××××	
3	巴彦淖尔电业局电能计量中心	(蒙)法计(2014)15034	张亮	××××××××××	
4	锡林郭勒电业局电能计量中心	(蒙)法计(2014)15032	付有琛	××××××××××	
5	呼和浩特供电局电能计量中心	(蒙)法计(2014)15023	赵文彦	××××××××××	
6	乌兰察布电业局电能计量中心	(蒙)法计(2014)15033	姜华	××××××××××	
7	薛家湾供电局计量中心	(蒙)法计(2014)15029	王震	××××××××××	
8	鄂尔多斯电业局电能计量中心	(蒙)法计(2014)15028	赵智全	××××××××××	
9	内蒙古超高压供电局计量中心	(蒙)法计(2014)15022	寇德谦	××××××××××	
10	包头供电局电能计量中心	(蒙)法计(2014)15024	高晓敏	××××××××××	
11	阿拉善电业局电能计量中心	(蒙)法计(2014)15021	曾凡云	××××××××××	

附件3.2 参比实验室分组情况和比对路线具体安排

序号	日期	机构名称
1	7月10日～12日	内蒙古电力科学研究院电能计量检测中心
2	7月13日～15日	包头供电局电能计量中心
3	7月16日～18日	巴彦淖尔电业局电能计量中心
4	7月19日～21日	乌海电业局计量中心
5	7月22日～24日	阿拉善电业局电能计量中心
6	7月26日～28日	鄂尔多斯电业局电能计量中心
7	7月29日～31日	薛家湾供电局电能计量中心
8	8月1日～3日	内蒙古电力科学研究院电能计量检测中心
9	8月5日～7日	锡林郭勒电业局电能计量中心
10	8月8日～10日	乌兰察布电业局电能计量中心
11	8月11日～13日	呼和浩特供电局电能计量中心
12	8月14日～16日	内蒙古超高压供电局计量中心
13	8月17日～31日	内蒙古电力科学研究院电能计量检测中心

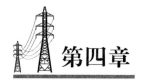

第四章

包头供电局电能量值不确定度评定实例

包头供电局三相标准电能表计量比对原始记录

委托单位	内蒙古电力公司营销部计量办公室		
仪表名称	三相标准电能表	型　号	RD1300
生产厂家	北京普华瑞迪科技有限公司	编　号	160902
出厂日期	2016 – 9　准确度等级　0.02	频　率	
规　格	(60 ~ 480) V　(0.2 ~ 100) A	脉冲常数	$6 \times 10^7 / [\text{imp} / (\text{kW} \cdot \text{h})]$
校准日期	2017 – 7 – 14　预热时间　1h	辅助电源	
校准员	核验员		
校准依据	JJG 1085—2013《标准电能表检定规程》		

计量检定机构授权证书号:(蒙)法计(2014)15024 号

校准所用计量标准考核证书号:〔2013〕蒙量标证字第 1544 号

校准环境条件:温度:20.8℃　湿度:46% RH

校准地点:包头供电局电能计量中心标准室

所用的校准计量标准器:

名　称	测量范围	准确度等级	证书编号	证书有效期
三相电能表 检定装置	(57.7 ~ 380) V (0.1 ~ 100) A	0.03	能 13 字 ZHZH2016 – BG11	2018 – 02 – 12
三相标准 电能表	(30 ~ 480) V (0.2 ~ 100) A	0.02	能 13 字 2017 – B0051	2018 – 03 – 12

测 量 结 果

平衡负载时：三相四线

电压	电流	功率因数	相对误差 $\gamma_1/\%$	相对误差 $\gamma_2/\%$	平均值 $\gamma/\%$	化整值 $\gamma/\%$
220V	5A	1.0	−0.003 2	−0.003 0	−0.003 1	−0.004
220V	5A	0.5（L）	−0.007 6	−0.007 1	−0.007 4	−0.008
220V	5A	0.8（C）	−0.002 8	−0.002 8	−0.002 8	−0.002
220V	1A	1.0	−0.003 9	−0.004 4	−0.004 2	−0.004
220V	1A	0.5（L）	−0.009 8	−0.009 8	−0.009 8	−0.010
220V	1A	0.8（C）	−0.001 8	−0.002 1	−0.002 0	−0.002

包头供电局计量比对试验结果报告

单位名称	包头供电局电能计量中心
试验日期	2017 年 7 月 14 日 至 2017 年 7 月 14 日
传递标准编号	160902

电压	电流	功率因数	相对误差/%	合成标准 不确定度/%	扩展测量不确定度/%（$k=2$）
220V	5A	1.0	−0.004	0.018	0.036
220V	5A	0.5（L）	−0.008	0.018	0.036
220V	5A	0.8（C）	−0.002	0.018	0.036
220V	1A	1.0	−0.004	0.018	0.036
220V	1A	0.5（L）	−0.010	0.018	0.036
220V	1A	0.8（C）	−0.002	0.018	0.036

单位名称（盖章）:包头供电局电能计量中心

日期:2017 年 7 月 14 日

测量结果的测量不确定度评定

4.1 概述

4.1.1 测量依据:JJG 1085—2013《标准电能表检定规程》

4.1.2 环境条件:温度:20.8℃;湿度:46% RH

4.1.3 测量标准:三相电能表检定装置,型号为 ST9001D5,编号 701104,规格为 3 × (57.7 ~ 380)V、3 × (0.1 ~ 100)A,准确度等级 0.03 级。

4.1.4 被测对象:三相标准电能表,型号为 RD1300,编号为 160902,规格为(60 ~ 480)V、(0.2 ~ 100)A,准确度等级 0.02 级。

4.1.5 测量过程:装置输出一定功率给被检表,并对被检表进行采样积分,得到的电能值与装置输出的标准电能值比较,得到被检表在该功率时的相对误差。

4.1.6 评定结果的使用:符合上述条件的测量结果,一般可直接使用本不确定度的评定方法。

4.2 测量模型

测量模型,见式(4 - 1)。

$$y = \chi \qquad\qquad (4-1)$$

式中 y——被检三相标准电能表的相对误差;

χ——三相电能表检定装置上测得的相对误差。

4.3 输入量的标准不确定度的评定

输入量 χ 的标准不确定度 $u(\chi)$ 的来源主要有三方面:

$u(\chi_1)$——在重复性条件下由被测电能表测量不重复引起的标准不确定度分项,采用 A 类评定方法。

$u(\chi_2)$——三相电能表检定装置的误差引起的标准不确定度分项,采用 B 类评定方法。

$u(\chi_3)$——上一级三相电能表检定装置的误差引起的标准不确定度分项,采用 B 类评定方法。

4.3.1 标准不确定度分项 $u_A(\chi_1)$ 的评定

该不确定度分项主要是由于被检电能表的测量不重复引起的,可以通过连续测量得到测量列,采用 A 类方法进行评定。

对这台 0.02 级被检电能表分别在 $\cos\phi = 1.0$、$\cos\phi = 0.5$（L）、$\cos\phi = 0.8$（C）时,额定电压为 220V、5A 和 220V、1A 时共 6 个点,各连续测量 10 次,得到 6 组测量值,如表 4.1 所示:

表 4.1 被检电能表的相对误差

测量点	功率因数	1	2	3	4	5	6	7	8	9	10	S_i/%
220V 5A	1.0	−0.003 2	−0.003 0	−0.003 8	−0.003 4	−0.003 4	−0.002 8	−0.003 0	−0.002 8	−0.003 0	−0.003 2	0.000 3
220V 5A	0.5 (L)	−0.005 8	−0.006 7	−0.006 2	−0.007 6	−0.007 1	−0.006 7	−0.005 8	−0.006 2	−0.007 1	−0.006 7	0.000 6
220V 5A	0.8 (C)	−0.002 0	−0.002 3	−0.002 3	−0.002 5	−0.002 3	−0.002 8	−0.002 8	−0.002 5	−0.002 3	−0.002 8	0.000 3
220V 1A	1.0	−0.003 9	−0.004 4	−0.004 4	−0.003 9	−0.003 7	−0.003 7	−0.003 7	−0.004 1	−0.004 1	−0.004 1	0.000 3
220V 1A	0.5 (L)	−0.009 4	−0.008 5	−0.008 5	−0.008 9	−0.008 9	−0.008 9	−0.008 9	−0.009 8	−0.008 9	−0.009 8	0.000 5
220V 1A	0.8 (C)	−0.001 3	−0.001 8	−0.002 1	−0.002 1	−0.001 8	−0.001 8	−0.002 1	−0.001 5	−0.001 8	−0.002 1	0.000 3

$\cos\phi = 1.0$、220V、5A 点时,标准不确定度为 $u_A(\chi_1) = s_i/\sqrt{n} = 0.000\,09\%$

$\cos\phi = 0.5$（L）、220 V、5A 点时,标准不确定度为 $u_A(\chi_2) = s_i/\sqrt{n} = 0.000\,19\%$

$\cos\phi = 0.8$（C）、220 V、5A 点时,标准不确定度为 $u_A(\chi_3) = s_i/\sqrt{n} = 0.000\,09\%$

$\cos\phi = 1.0$、 220 V、1A 点时,标准不确定度为 $u_A(\chi_4) = s_i/\sqrt{n} = 0.000\,09\%$

$\cos\phi = 0.5$（L）、220 V、1A 点时,标准不确定度为 $u_A(\chi_5) = s_i/\sqrt{n} = 0.000\,16\%$

$\cos\phi = 0.8$（C）、220 V、1A 点时,标准不确定度为 $u_A(\chi_6) = s_i/\sqrt{n} = 0.000\,09\%$

自由度:$v(\chi) = n - 1 = 10 - 1 = 9$

4.3.2 标准不确定度 $u_B(\chi_2)$ 的评定:

该标准不确定度分项主要是由三相电能表检定装置的标准不确定度引起的,该三相电能表检定装置的准确度等级为 0.03 级,经上一级溯源单位检定合格,符合其技术指标要求。则最大允许误差为 ±0.03% ,在区间内服从均匀分布,包含因子 $k = \sqrt{3}$,区间半宽 $a_{B1} = 0.03\%$,则标准不确定度见式（4 −2）:

$$u_B(\chi_2) = 0.03\%/\sqrt{3} = 0.017\,3\% \tag{4 −2}$$

取 $\sigma[u(\chi_2)]/u(\chi_2) = 0.20$,则 $v(\chi_2) = 12$

4.3.3 标准不确定度 $u(\chi_3)$ 的评定:

该标准不确定度分项主要是由上一级三相电能表检定装置的标准不确定度引起的,根据装置检定证书,上一级三相电能表检定装置的准确度等级为 0.01 级,最大允许误差

为 $\pm 0.01\%$,在区间内服从均匀分布,包含因子 $k = \sqrt{3}$,区间半宽 $a_{B2} = 0.01\%$,则标准不确定度见式(4-3):

$$u_B(\chi_3) = 0.01\%/\sqrt{3} = 0.005\,8\% \qquad (4-3)$$

取 $\sigma[u(\chi_3)]/u(\chi_3) = 0.10$,则 $v(\chi_3) = 50$ 。

4.4　合成标准不确定度的评定:

4.4.1　灵敏系数

测量模型: $y = \chi$

灵敏系数: $c = 1$

4.4.2　各测试点测量不确定度汇总如表4.2所示:

表4.2　测试点不确定度汇总

测试点	$u_A(\chi)/\%$	$u_B(\chi_2)/\%$	$u_B(\chi_3)/\%$	灵敏系数 c	$u(\chi)/\%$	$\lvert c \rvert u(\chi)/\%$	v
$\cos\phi = 1.0$ 、220V、5A	0.000 09	0.017 3	0.005 8	1	0.018	0.018	14.81
$\cos\phi = 0.5(L)$ 、220V、5A	0.000 19	0.017 3	0.005 8	1	0.018	0.018	14.81
$\cos\phi = 0.8(C)$ 、220V、5A	0.000 09	0.017 3	0.005 8	1	0.018	0.018	14.81
$\cos\phi = 1.0$ 、220V、1A	0.000 09	0.017 3	0.005 8	1	0.018	0.018	14.81
$\cos\phi = 0.5(L)$ 、220V、1A	0.000 16	0.017 3	0.005 8	1	0.018	0.018	14.81
$\cos\phi = 0.8(C)$ 、220V、1A	0.000 09	0.017 3	0.005 8	1	0.018	0.018	14.81

4.4.3　合成标准不确定度的估算:

合成标准不确定度: $u_c(y) \sqrt{\sum\limits_{i=1}^{n} u_i^2(u)}$

有效自由度: $v_{\text{eff}} = \dfrac{u_c^4(y)}{\sum\limits_{i=1}^{n} \dfrac{u_i^4(y)}{v_i}}$

4.5　扩展不确定度的评定:

以 $\cos\phi = 1.0$ 、220V、5A测量点为例,扩展不确定度 U 由合成标准不确定度 $u(\chi)$ 乘以包含因子 k 得到,取 $k = 2$:

$$U = k \times u(\chi) = 2 \times 0.018\% = 0.036\% \qquad (4-4)$$

由此得出其他测试点的扩展不确定度均为 0.036%,见式$(4-4)$。

4.6 测量不确定度报告结果:

0.02 级三相标准电能表在 220V、5A 和 220V、1A 的 $\cos\phi$ 分别为 1.0、$0.5(L)$、$0.8(C)$ 的 6 个测量点,相对误差测量结果的扩展不确定度均为 $U = 0.038\%$,有效自由度为 $v_{eff} = 14$。

第五章

巴彦淖尔电业局电能量值不确定度评定实例

巴彦淖尔电业局三相标准电能表计量比对原始记录

委托单位	内蒙古电力科学研究院				
仪表名称	三相标准电能表			型 号	RD1300
生产厂家	北京普华瑞迪科技有限公司			编 号	160902
出厂日期	2016 – 9	准确度等级	0.02 级	频 率	
规 格				脉冲常数	
校准日期	2017 – 7 – 18	预热时间	30min	辅助源	
校准员	郭玲	核验员	郭玲		
校准依据	JJG 596—2012《电子式交流电能表检定规程》				

计量检定机构授权证书号:(蒙)法计(15034)号

校准所用计量标准考核证书号:〔2012〕蒙量标证字第 1351 号

校准环境条件:温度: 21.9℃   湿度:45.1% RH

校准地点:巴彦淖尔电业局电能计量中心校表班

所用的校准计量标准器:

名称	测量范围	准确度等级	证书编号	证书有效期
三相电能表 检定装置	$3 \times (57.7 \sim 380)$V; $3 \times (0.1 \sim 100)$A	0.03 级	能 13 字第 ZHZH2017 – BM01	2019 年 1 月 14 日
三相标准功率 电能表	$3 \times (0 \sim 480)$V; $3 \times (0 \sim 100)$A	0.02 级	能 13 字第 2017 – B0228	2018 年 6 月 28 日

测 量 结 果

平衡负载时：三相四线

电压	电流	功率因数	相对误差 γ_1/%	相对误差 γ_2/%	平均值 γ/%	化整值 γ/%
220V	5A	1.0	− 0.002 5	− 0.002 5	− 0.002 5	− 0.002
220V	5A	0.5（L）	− 0.005 4	− 0.004 9	− 0.005 2	− 0.006
220V	5A	0.8（C）	− 0.001 2	− 0.001 2	− 0.001 2	− 0.000
220V	1A	1.0	− 0.002 4	− 0.002 2	− 0.002 3	− 0.002
220V	1A	0.5（L）	− 0.004 6	− 0.004 6	− 0.004 6	− 0.004
220V	1A	0.8（C）	− 0.001 5	− 0.001 8	− 0.001 7	− 0.002

巴彦淖尔电业局计量比对试验结果报告

单位名称	巴彦淖尔电业局电能计量中心
试验日期	2017 年 7 月 17 日 ~ 2017 年 7 月 17 日
传递标准编号	160902

电压	电流	功率因数	相对误差/%	合成标准不确定度/%	扩展测量不确定度/%（$k=2$）
220V	5A	1.0	− 0.002 5	0.011 5	0.02
220V	5A	0.5（L）	− 0.005 2	0.011 5	0.02
220V	5A	0.8（C）	− 0.001 2	0.011 5	0.02
220V	1A	1.0	− 0.002 3	0.011 5	0.02
220V	1A	0.5（L）	− 0.004 6	0.011 5	0.02
220V	1A	0.8（C）	− 0.001 7	0.011 5	0.02

单位名称（盖章）:巴彦淖尔电业局电能计量中心

日 期:2017 年 7 月 17 日

测量结果的不确定度评定

5.1 概述

5.1.1 测量依据:JJG 596—2012《电子式交流电能表检定规程》

5.1.2 环境条件:温度:(20 ± 2)℃;湿度:(60 ± 15)% RH

5.1.3 测量标准:三相电能表标准装置,型号:ST－9001D5 出厂编号 701103

  电压:$3 \times (57.7 \sim 380)$V 电流:$3 \times (0.1 \sim 100)$A 准确度等级:0.03 级;

5.1.4 传递标准:三相标准电能表型号:RD1300 编号:160902 准确度等级:0.02 级;

5.1.5 测量过程:装置输出一定功率给传递标准,并对传递标准进行采样积分,得到电能值与装置输出的标准电能表比较,得到传递标准在该功率时的相对误差;

5.1.6 评定结果的使用:符合上述条件的测量结果,一般可直接使用本不确定度的评定方法。

5.2 数学模型

$$\gamma_{\mathrm{H}} = \gamma_{\mathrm{Wo}} \tag{5-1}$$

式中 γ_{H}——传递标准的相对误差;

  γ_{Wo}——单相电能表标准装置上测得的相对误差。

5.3 输入量的标准不确定度的评定

输入量 γ_{Wo} 的标准不确定度 $u(\gamma_{\mathrm{Wo}})$ 的来源主要有两方面:在重复性条件下由传递标准不重复引起的不确定度分项 $u(\gamma_{\mathrm{Wo1}})$,采用 A 类评定方法;三相电能表标准装置的误差引起的不确定度分项 $u(\gamma_{\mathrm{Wo2}})$,采用 B 类评定方法。

5.3.1 输入量的标准不确定度的评定 $u(\gamma_{\mathrm{Wo1}})$

该不确定度分项主要是由于传递标准的测量不重复引起的,

即:$u(\gamma_{\mathrm{Wo1}}) = s(y_i)$,可以通过连续测量得到测量列,采用 A 类方法进行评定。

对一台 0.02 级的传递标准在 220V;5A、1A 功率因数 $\cos\phi = 1.0$、$\cos\phi = 0.5(L)$、$\cos\phi = 0.8(C)$时,每次各连续测量 6 次,分别得到 6 组测量列,依据贝塞尔公式计算出各负荷点的标准偏差(见表5.1):

$$s(y_i) = \sqrt{\frac{\sum_{i=1}^{n}(y_i - \bar{y})^2}{n-1}} \tag{5-2}$$

由于 $u(\gamma_{Wo1}) = s(y_i)$，故传递标准的标准不确定度 $u(\gamma_{Wo1})$ 如表 5.1 所示：

表 5.1　传递标准的标准偏差 $s(y_i)$（%）及标准不确定度的 $u(\gamma_{Wo1})$

| 测试点 | 功率因数 | 测量次数 | | | | | | 均差 | s/% | $u(\gamma_{Wo1})$ /% |
		1	2	3	4	5	6			
220V 5A	$\cos\phi = 1.0$	− 0. 002 8	− 0. 002 5	− 0. 002 5	− 0. 002 3	− 0. 002 3	− 0. 002 3	− 0. 002 4	0. 000 2	0. 000 2
	$\cos\phi = 0.5(L)$	− 0. 005 4	− 0. 005 4	− 0. 005 4	− 0. 005 4	− 0. 005 4	− 0. 005 8	− 0. 005 4	0. 000 16	0. 000 16
	$\cos\phi = 0.8(C)$	− 0. 001 4	− 0. 001 4	− 0. 001 4	− 0. 001 2	− 0. 000 9	− 0. 000 9	− 0. 001 2	0. 000 24	0. 000 24
220V 1A	$\cos\phi = 1.0$	− 0. 002 4	− 0. 002 4	− 0. 002 8	− 0. 002 6	− 0. 002 6	− 0. 002 6	− 0. 002 6	0. 000 15	0. 000 15
	$\cos\phi = 0.5(L)$	− 0. 004 6	− 0. 004 1	− 0. 004 6	− 0. 005 4	− 0. 004 6	− 0. 004 6	− 0. 004 6	0. 000 42	0. 000 42
	$\cos\phi = 0.8(C)$	− 0. 001 8	− 0. 001 8	− 0. 002 1	− 0. 001 8	− 0. 001 8	− 0. 001 5	− 0. 001 8	0. 000 19	0. 000 19

5.3.2　标准不确定度 $u(\gamma_{Wo2})$ 的评定

该不确定度分项是由标准电能表的误差引起，标准电能表经上级检定合格，由生产商的技术说明书给出的准确度等级 0.02 级，其半宽 $a = 0.02\%$ 在此区间内可认为服从矩形分布，包含因子 $k = \sqrt{3}$，详见式（5 − 3）：

$$u(\gamma_{Wo2}) = \frac{a}{\sqrt{3}} = 0.02\% / \sqrt{3} = 0.011\,5\% \qquad (5-3)$$

5.3.3　各负荷点的合成标准不确定度 $u(f_p)$

带入式（5 − 4）计算结果各负荷点下的合成标准不确定度如表 5.2 所示：

$$u(r_i) = \sqrt{u^2(r_{Wo1}) + u^2(r_{Wo2})} \qquad (5-4)$$

表 5.2　各负荷点下的合成标准不确定度 $u(\gamma_{Wo})$

测试点	功率因素	标准不确定度/% $u(\gamma_{Wo1})$	标准不确定度/% $u(\gamma_{Wo2})$	合成标准不确定度/% $u(r_i)$
220V 5A	$\cos\phi = 1.0$	0. 000 2	0. 011 5	0. 011 5
	$\cos\phi = 0.5(L)$	0. 000 16	0. 011 5	0. 011 5
	$\cos\phi = 0.8(C)$	0. 000 24	0. 011 5	0. 011 5
220V 1A	$\cos\phi = 1.0$	0. 000 15	0. 011 5	0. 011 5
	$\cos\phi = 0.5(L)$	0. 000 42	0. 011 5	0. 011 5
	$\cos\phi = 0.8(C)$	0. 000 19	0. 011 5	0. 011 5

5.4　扩展不确定度的评定

由于估计被测量接近于正态分布，且其有效自由度足够大，故所给扩展不确定度对应的包含概率约为 $p = 95\%$，包含因子 $k_p = 2$。

扩展不确定度为 $U_{95} = k_p u(r_i)$

各负荷点下的扩展不确定度如表5.3所示。

表5.3　各负荷点下的扩展不确定度 U

测试点	功率因素	合成标准不确定度 $u(r_i)$/%	扩展不确定度/%
220V 5A	$\cos\phi = 1.0$	0.011 5	0.02
	$\cos\phi = 0.5(L)$	0.011 5	0.02
	$\cos\phi = 0.8(C)$	0.011 5	0.02
220V 1A	$\cos\phi = 1.0$	0.011 5	0.02
	$\cos\phi = 0.5(L)$	0.011 5	0.02
	$\cos\phi = 0.8(C)$	0.011 5	0.02

5.5　不确定度报告

传递标准在220V；5A、1A功率因数 $\cos\phi = 1.0$、$\cos\phi = 0.5(L)$、$\cos\phi = 0.8(C)$ 时的扩展不确定度均为：$U_{95} = 0.02\%$，$p = 95\%$，$k_p = 2$。

第六章

乌海电业局电能量值不确定度评定实例

乌海电业局三相标准电能表计量比对原始记录

委托单位	主导实验室			
仪表名称	RD1300 三相标准电能表		型　号	RD1300
生产厂家	北京普华瑞边有科技有限公司		编　号	160902
出厂日期	2016－9	准确度等级　0.02 级	频　率	50Hz
规　格	$(60\sim480)$ V　$(0.2\sim100)$ A		脉冲常数	$6\times10^7/[\text{imp}/(\text{kW}\cdot\text{h})]$ $3\times10^8/[\text{imp}/(\text{kW}\cdot\text{h})]$
校准日期	2017－7－25	预热时间　20 min	辅助电源	
校准员	刘倩	核验员	杨芳	
校准依据	JJG 1085—2013《标准电能表检定规程》			

计量检定机构授权证书号:(蒙)法计(2014)15025 号

校准所用计量标准考核证书号:〔2013〕蒙量标证字第 1522 号

校准环境条件:温度:20.8℃　　湿度:52RH%

校准地点:电能表实验室

所用的校准计量标准器:

名称	测量范围	准确度等级	证书编号	证书有效期
三相标准表	$3\times(0\sim480)$ V $3\times(0\sim100)$ A	0.02	能 13 字第 2016－B0265	2017.8.8
三相电能表标准装置	$3\times(57.7\sim380)$ V $3\times(0.1\sim100)$ A	0.03	能 13 字第 ZHZH2017－WH05	2019.5.31

测 量 结 果

平衡负载时：三相四线

电压	电流	功率因数	相对误差 γ_1/%	相对误差 γ_2/%	平均值 γ/%	化整值 γ/%
220V	5A	1.0	0.002 7	0.002 5	0.002 6	0.002
220V	5A	0.5（L）	0.000 6	0.000 6	0.000 6	0.000
220V	5A	0.8（C）	0.001 3	0.001 3	0.001 3	0.002
220V	1A	1.0	0.001 8	0.002 0	0.001 9	0.002
220V	1A	0.5（L）	0.000 7	0.000 7	0.000 7	0.000
220V	1A	0.8（C）	0.002 3	0.002 1	0.002 2	0.002

乌海电业局计量比对试验结果报告

单位名称	乌海电业局计量中心
试验日期	2017 年 7 月 25 日 至 2017 年 7 月 25 日
传递标准编号	160902

电压	电流	功率因数	相对误差/%	合成标准不确定度/%	扩展测量不确定度/% （$k=2$）
220V	5A	1.0	0.002	0.017 3	0.035
220V	5A	0.5（L）	0.000	0.017 3	0.035
220V	5A	0.8（C）	0.002	0.017 3	0.035
220V	1A	1.0	0.002	0.017 3	0.035
220V	1A	0.5（L）	0.000	0.017 3	0.035
220V	1A	0.8（C）	0.002	0.017 3	0.035

单位名称（盖章）：乌海电业局计量中心

日期：2017 年 7 月 25 日

测量结果的不确定度评定

6.1 概述

6.1.1 测量依据:JJG 1085—2013《标准电能表检定规程》

6.1.2 环境条件:温度 20.8℃,湿度 52RH

6.1.3 测量标准:三相电能表检定装置;

准确度等级:0.03 级;

型号:ST – 9001D5 ;出厂编号:701105;

生产厂家:河南思达股份有限公司

6.1.4 被测对象:三相标准电能表;出厂编号:160902

测量范围:(60 ~ 480)V、(0.2 ~ 100)A;型号:RD1300;

准确度等级:0.02 级;

生产厂家:北京普华瑞迪科技有限公司

6.1.5 测量过程:装置输出一定功率给被检表,并对被检表进行采样积分,得到的电能值与装置输出的标准电能值进行比较,得到被检表在该功率时的相对误差。

6.1.6 评定结果的使用:符合上述条件的测量结果,一般可直接使用本不确定度的评定方法。

6.2 数学模型

$$\gamma_H = \gamma_{Wo} \tag{6-1}$$

式中 γ_H——被检三相三线电子式多功能电能表的相对误差;

γ_{Wo}——三相电能表标准装置上测得的相对误差。

6.3 输入量的标准不确定度的评定

输入量 γ 的标准不确定度 $u(\gamma_{Wo})$ 的来源主要有两方面:

在重复性标准条件下由被测电能表测量不重复性引起的不确定度分量 $u(\gamma_{Wo1})$,采用 A 类评定方法;三相电能表标准装置的误差引起的不确定度分量 $u(\gamma_{Wo2})$,采用 B 类评定方法。

6.3.1 标准不确定度分量 $u(\gamma_{Wo1})$ 的评定

标准不确定度分量 $u(\gamma_{Wo1})$ 主要是由于被检电能表的测量不重复性引起的,可以通过连续测量得到测量列($n = 10$),测量 2 组,($m = 2$)采用 A 类方法进行评定。

对 0.02 级的被检标准电能表,在规定的检定点时,各连续测量 10 次,测量 2 组($m = 2$)(见实验室比对测试原始记录),计算各点 A 类标准不确定度如表 6.1 所示:

表 6.1　各点 A 类标准不确定度

比对试验点	评定事项		
	测量结果算术平均值:$\bar{x}$	标准偏差/% :$s(x_i) = \sqrt{\dfrac{\sum\limits_{i=1}^{n} (x_i - \bar{x})^2}{n - 1}}$	A 类标准不确定度/% :$u(\gamma_{Wo1}) = \bar{s}(x_i) = \dfrac{s(x_i)}{\sqrt{m}}$
220V; 5A　$\cos\phi = 1.0$	0.002	0.000 213	0.000 148
220V; 5A　$\cos\phi = 0.5(L)$	0.000	0.000 279	0.000 197
220V; 5A　$\cos\phi = 0.8(C)$	0.002	0.000 598	0.000 423
220V;1A　$\cos\phi = 1.0$	0.002	0.000 103	0.000 073
220V;1A　$\cos\phi = 0.5(L)$	0.000	0.000 368	0.000 260
220V;1A　$\cos\phi = 0.8(C)$	0.002	0.000 154	0.000 109
说明:测量结果由 2 次测量的平均值得到, $m = 2$			

6.3.2　B 类标准不确定度 $u(\gamma_{Wo2})$ 的评定

该不确定度分量主要是三相电能表标准装置的不确定度引起的,装置不确定度为 0.03% ,假设为矩形分布。B 类评定时的标准不确定度分量由式(6 − 2)决定:

$$u(\gamma_{Wo2}) = \frac{a}{k} \tag{6 − 2}$$

式中　a ——电能表检定装置最大允许误差的半宽;

　　　　k ——矩形分布时的包含因子($k = \sqrt{3}$)。

所以:$u(\gamma_{Wo2}) = a/k = 0.03\%/\sqrt{3} = 0.017\ 3\%$ 。

6.4　合成标准不确定度

6.4.1　合成标准不确定度 $u(\gamma_{Wo})$ 的计算如表 6.2 所示。

表 6.2　合成标准不确定度计算

量程	功率因数	合成不确定度/%$u(\gamma_{Wo}) = \sqrt{u(\gamma_{Wo1})^2 + u(\gamma_{Wo2})^2}$
220V; 5A	$\cos\phi = 1.0$	0.017 3
	$\cos\phi = 0.5(L)$	0.017 3
	$\cos\phi = 0.8(C)$	0.017 3
220V; 2.5A	$\cos\phi = 1.0$	0.017 3
	$\cos\phi = 0.5(L)$	0.017 3
	$\cos\phi = 0.8(C)$	0.017 3

6.4.2 灵敏系数

数学模型 $\gamma_H = \gamma_{Wo}$

灵敏系数 $c = 1$

6.4.3 合成不确定度汇总见表 6.3：

表 6.3 合成标准不确定度汇总

不确定度分量	不确定度来源	c	$u(\gamma_{Wo})$	$\lvert c \rvert u(\gamma_{Wo})$
$u(\gamma_{Wo})$ $u(\gamma_{Wo1})$ $u(\gamma_{Wo2})$	测量重复性引起 标准装置引起的	1	0.017 3 见表 8.2 0.017 3	0.017 3

6.4.4 合成标准不确定度 $u(\gamma_{Wo})$ 的估算见式(6 - 3)和式(6 - 4)。

$$u_c^2(\gamma_H) = c^2 u(\gamma_{Wo})^2 \qquad (6-3)$$

$$u_c(\gamma_H) = \lvert c \rvert u(\gamma_{Wo}) \approx 0.017\ 3\% \qquad (6-4)$$

6.5 扩展不确定度的评定

根据《2017 年电能量值比对实施方案》确定，$k = 2$，见式(6 - 5)。

$$U = k u_c = 0.017\ 3 \times 2 \approx 0.035 \qquad (6-5)$$

第七章

阿拉善电业局电能量值不确定度评定实例

阿拉善电业局三相标准电能表计量比对原始记录

委托单位	阿拉善电业局计量中心电能表实验室			
仪表名称	三相标准电能表		型　号	RD1300
生产厂家	北京普华瑞迪科技有限公司		编　号	160902
出厂日期	2016 – 9	准确度等级　0.02 级	频　率	50Hz
规　格	(60 ~ 480) V　(0.2 ~ 100) A		脉冲常数	$6 \times 10^7 / [\text{imp}/(\text{kW} \cdot \text{h})]$ $3 \times 10^8 / [\text{imp}/(\text{kW} \cdot \text{h})]$
校准日期	2017 – 7 – 25	预热时间　30min	辅助电源	220V 50Hz
校准员		核验员		
校准依据	JJG 1085—2013《标准电能表检定规程》			

计量检定机构授权证书号:(蒙)法计(2014)15035 号

校准所用计量标准考核证书号:〔2013〕蒙量标证字第 1543 号

校准环境条件:温度:21.0℃　　　湿度:60% RH

校准地点:阿拉善电业局计量中心电能表实验室

所用的校准计量标准器:

名　称	测量范围	准确度等级	证书编号	证书有效期
三相标准电能表	$3 \times (0 ~ 480)$ V $3 \times (0 ~ 100)$ A	0.02 级	能 13 字 第 2017 – B0249 号	2018.6.30
三相电能表检定装置	$3 \times (57.7 ~ 380)$ V $3 \times (0.1 ~ 120)$ A	0.03 级	能 13 字 第 ZHZH2016 – AM05 号	2018.2.13

测 量 结 果

平衡负载时:三相四线

电压	电流	功率因数	相对误差 $\gamma_1/\%$	相对误差 $\gamma_2/\%$	平均值 $\gamma/\%$	化整值 $\gamma/\%$
220V	5A	1.0	−0.004 9	−0.005 2	−0.005 05	−0.006
220V	5A	0.5(L)	−0.008 0	−0.008 4	−0.008 20	−0.008
220V	5A	0.8(C)	−0.003 9	−0.003 6	−0.003 75	−0.004
220V	1A	1.0	−0.004 8	−0.005 0	−0.004 90	−0.004
220V	1A	0.5(L)	−0.008 3	−0.008 1	−0.008 20	−0.008
220V	1A	0.8(C)	−0.003 4	−0.003 7	−0.003 55	−0.004

阿拉善电业局计量比对试验结果报告

单位名称	阿拉善电业局计量中心
试验日期	2017 年 7 月 26 日至 2017 年 7 月 26 日
传递标准编号	160902

电压	电流	功率因数	相对误差/%	合成标准 不确定度/%	扩展测量不确定度/% ($k=2$)
220V	5A	1.0	−0.006	0.01	0.02
220V	5A	0.5(L)	−0.010	0.01	0.02
220V	5A	0.8(C)	−0.004	0.01	0.02
220V	1A	1.0	−0.004	0.01	0.02
220V	1A	0.5(L)	−0.008	0.01	0.02
220V	1A	0.8(C)	−0.004	0.01	0.02

单位名称(盖章):阿拉善电业局电能计量中心

日期:2017 年 7 月 26 日

测量结果的不确定度评定

7.1　概述

7.1.1　测量依据:JJG 596—2012《电子式交流电能表检定规程》

7.1.2　环境条件:温度(20 ± 1)℃,相对湿度(60 ± 15)% RH。

7.1.3　测量标准:三相电能表检定装置,型号 ST－9OO1D5V3,规格 $3 \times (57.7 \sim 380)$V, $3 \times (0.1 \sim 120)$A,合成不确定度 0.03% ,$k = 3$。

7.1.4　被测对象:三相标准电能表,准确度等级为 0.02 级。

7.1.5　测量过程:装置输出一定功率给被检定表,并对被检定表进行采样积分,得到的电能值与装置输出的标准电能值比较,得到被检定表在该功率时的相对误差。

7.1.6　评定结果的使用:符合上述条件的测量结果,一般可直接使用本不确定度的评定方法。

7.2　数学模型

$$\gamma_{\mathrm{H}} = \gamma_{\mathrm{Wo}} \tag{7-1}$$

式中　γ_{H}——被检电子式电能表的相对误差;

　　　γ_{Wo}——三相电能表检定装置上测得的相对误差。

7.3　输入量的标准不确定度的评定

输入量 γ_{Wo} 的标准不确定度 u 的来源主要有两个方面:在重复性条件下由测量重复性导致的测量结果引起的不确定度分项 u_{A},采用 A 类评定方法;三相电能表检定装置的准确度引入的不确定度分项 u_{B},采用 B 类评定方法。

7.3.1　重复性测量引入的不确定度 u_{A} 的评定

开机将电能表检定装置预热 30min 以上开始进行误差测量,将型号 RD1300 三相标准电能表分别在 3×220V、3×5A、$\cos\phi = 1.0$;3×220V、3×5A、$\cos\phi = 0.5$(L);3×220V、3×5A、$\cos\phi = 0.8$(C);3×220V、3×1A、$\cos\phi = 1.0$;3×220V、3×1A、$\cos\phi = 0.5$(L);3×220V、3×1A、$\cos\phi = 0.8$(C);以上 6 个点分别连续独立测量 10 次,获得一组测量值如表 7.1 所示。

测量值的标准偏差 s、u_{A} 的计算方法见式(7-2)、式(7-3):

由于 $\bar{x} = \dfrac{1}{n} \sum\limits_{i=1}^{10} x_i$

表 7.1 被检电能表的相对误差

测试点	测 量 次 数										s/%	u_A/%
	1	2	3	4	5	6	7	8	9	10		
220V 5A $\cos\phi = 1.0$	-0.005 4	-0.005 4	-0.004 9	-0.005 1	-0.004 9	-0.004 9	-0.005 2	-0.005 4	-0.005 3	-0.005 4	0.000 22	0.000 07
220V 5A $\cos\phi = 0.5(L)$	-0.009 3	-0.009 3	-0.008 9	-0.008 9	-0.008 9	-0.009 7	-0.009 3	-0.009 7	-0.008 0	-0.008 4	0.000 54	0.000 17
220V 5A $\cos\phi = 0.8(C)$	-0.003 9	-0.003 9	-0.004 7	-0.003 6	-0.003 6	-0.003 9	-0.003 9	-0.003 6	-0.003 9	-0.003 6	0.000 33	0.000 10
220V 5A $\cos\phi = 1.0$	-0.004 8	-0.005 0	-0.005 2	-0.004 8	-0.005 0	-0.005 1	-0.005 0	-0.005 0	-0.005 0	-0.004 9	0.000 12	0.000 04
220V 5A $\cos\phi = 0.5(L)$	-0.008 1	-0.008 5	-0.008 3	-0.008 1	-0.008 5	-0.008 5	-0.007 6	-0.007 6	-0.008 5	-0.008 5	0.000 36	0.000 11
220V 5A $\cos\phi = 0.8(C)$	-0.004 0	-0.004 0	-0.004 0	-0.003 4	-0.003 7	-0.004 0	-0.004 0	-0.004 3	-0.004 0	-0.004 3	0.000 26	0.000 08

测量值的标准偏差

$$s = \sqrt{\dfrac{\sum\limits_{i=1}^{10} (x_i - \bar{x})^2}{n-1}} \qquad (7-2)$$

$$u_A = \dfrac{s}{\sqrt{10}} \qquad (7-3)$$

7.3.2 电能表检定装置的准确度引入的不确定度 u_B

三相电能表检定装置的准确度为 0.03 级，经上级检定合格，查说明书，在额定电压、负载电流下，其最大误差不超过 ±0.03%，按正态分布估计，半宽：$a = 0.03\%$，包含因子取 $k=3$，则标准不确定度见式（7-4）：

$$u_B = a/k = 0.01\% \qquad (7-4)$$

测量结果扩展不确定度见表 7.2

表 7.2　测量结果扩展不确定度一览表

检测点	功率因素	A 类不确定度/%	B 类不确定度/%	合成标准不确定度 u_c/%	扩展不确定度 U/%（$k=2$）
$3 \times 220\text{V}$ $3 \times 5\text{A}$	$\cos\phi = 1.0$	0.000 07	0.01	0.01	0.02
	$\cos\phi = 0.5(\text{L})$	0.000 17	0.01	0.01	0.02
	$\cos\phi = 0.8(\text{C})$	0.000 10	0.01	0.01	0.02
$3 \times 220\text{V}$ $3 \times 1\text{A}$	$\cos\phi = 1.0$	0.000 04	0.01	0.01	0.02
	$\cos\phi = 0.5(\text{L})$	0.000 11	0.01	0.01	0.02
	$\cos\phi = 0.8(\text{C})$	0.000 08	0.01	0.01	0.02

7.4　测量结果不确定度的报告与表示

三相标准电能表在 $3 \times 220\text{V}$、$3 \times 5\text{A}$ 点测量时，测量结果的相对扩展不确定度分别为式（7-5）～式（7-7）：

$$U_1 = 0.02\%, k=2\ (\cos\phi = 1.0) \qquad (7-5)$$

$$U_2 = 0.02\%, k=2\ [\cos\phi = 0.5(\text{L})] \qquad (7-6)$$

$$U_3 = 0.02\%, k=2\ [\cos\phi = 0.8(\text{C})] \qquad (7-7)$$

三相标准电能表在 $3 \times 220\text{V}$、$3 \times 1\text{A}$ 点测量时，测量结果的相对扩展不确定度分别为式（7-8）～式（7-10）：

$$U_4 = 0.02\%, k=2\ (\cos\phi = 1.0) \qquad (7-8)$$

$$U_5 = 0.02\%, k=2\ [\cos\phi = 0.5(\text{L})] \qquad (7-9)$$

$$U_6 = 0.02\%, k=2\ [\cos\phi = 0.8(\text{C})] \qquad (7-10)$$

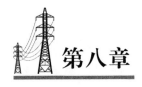

第八章

鄂尔多斯电业局电能量值不确定度评定实例

鄂尔多斯电业局三相标准电能表计量比对原始记录

委托单位	内蒙古电力科学研究院电能计量检测中心			
仪表名称	三相标准电能表		型　号	RD1300
生产厂家	北京普华瑞迪科技有限公司		编　号	160902
出厂日期	2016 – 9	准确度等级	0.02	频　率	50（1 ± 1%）Hz
规　格	$3 \times (57.7 \sim 380)$ V、$3 \times (0.1 \sim 100)$ A		脉冲常数	$6 \times 10^{7}/[\,imp/(kW \cdot h)\,]$ $3 \times 10^{8}/[\,imp/(kW \cdot h)\,]$
校准日期	2017 – 7 – 28	预热时间	1h	辅助电源	220（1 ± 10%）V
校准员	杜欣	核验员	汤强		
校准依据	JJG 1085—2013《标准电能表检定规程》			

计量检定机构授权证书号：（蒙）法计（2014）15028 号

校准所用计量标准考核证书号：〔2016〕蒙量标证字第 2072 号

校准环境条件：温度：20℃　　湿度：51%

校准地点：鄂尔多斯电业局电能计量中心 B109

所用的校准计量标准器：

名称	测量范围	准确度等级	证书编号	证书有效期
三相多功能 标准电能表	$3 \times (0 \sim 480)$ V $3 \times (0 \sim 100)$ A	0.02	能 13 字 第 2016 – B0323 号	2016.10.13
三相电能表 检定装置	$3 \times (57.7 \sim 380)$ V $3 \times (0.1 \sim 100)$ A	0.03	能 13 字 第 ZHZH2017 – EM01 号	2019.01.14

测 量 结 果

平衡负载时:三相四线

电压	电流	功率因数	相对误差 $\gamma_1/\%$	相对误差 $\gamma_2/\%$	平均值 $\gamma/\%$	化整值 $\gamma/\%$
220V	5A	1.0	− 0.003 0	− 0.003 2	− 0.003 1	− 0.00
220V	5A	0.5(L)	− 0.006 7	− 0.006 2	− 0.006 4	− 0.00
220V	5A	0.8(C)	− 0.001 2	− 0.001 7	− 0.001 4	− 0.00
220V	1A	1.0	− 0.003 7	− 0.003 9	− 0.003 8	− 0.00
220V	1A	0.5(L)	− 0.005 9	− 0.006 3	− 0.006 1	− 0.00
220V	1A	0.8(C)	− 0.002 9	− 0.003 2	− 0.003 0	− 0.00

鄂尔多斯电业局计量比对试验结果报告

单位名称	鄂尔多斯电业局电能计量中心
试验日期	2017 年 7 月 28 日至 2017 年 7 月 28 日
传递标准编号	160902

电压	电流	功率因数	相对误差/%	合成标准不确定度/%	扩展测量不确定度/%($k=2$)
220V	5A	1.0	− 0.003 1	0.011 5	0.023
220V	5A	0.5(L)	− 0.006 4	0.011 5	0.023
220V	5A	0.8(C)	− 0.001 4	0.011 5	0.023
220V	1A	1.0	− 0.003 8	0.011 5	0.023
220V	1A	0.5(L)	− 0.006 1	0.011 7	0.023
220V	1A	0.8(C)	− 0.003 0	0.011 5	0.023

单位名称(盖章):鄂尔多斯电业局电能计量中心

日期:2017 年 8 月 3 日

测量结果的不确定度评定

8.1 测量方法

在检定规程规定的参比条件下,用 0.03 级三相电能表检定装置检定 0.02 级三相标准电能表电能表,被检表测得的电能与装置测得的电能相比较,确定被检表的相对误差 $\gamma_x(\%)$。

8.2 数学模型

电能表的基本误差以相对误差表示,见式(8-1)。

$$\gamma_x = \frac{W_0 - W}{W} \times 100\% \qquad (8-1)$$

由于同一时刻装置输出的电压和电流是相同的,并且对于被检电能表和标准电能表来说记录的是相同时间段的电量从而计算电能误差。所以可以得到式(8-2)。

$$\gamma_x = \gamma_0 \qquad (8-2)$$

式中:γ_x——被检电能表的相对误差;

$\quad \gamma_0$——电能表检定装置测得的相对误差。

8.3 A 类标准不确定度评定

A 类标准不确定度的误差来源主要由标准装置的功率稳定性,开关接触电阻变化,电压、频率、温度波动,外磁场影响变化,自然误差随负载功率变化,功率因数变化等引起。

选用准确度等级 0.02 级编号为 160902 的标准电能表作为被测对象,参照 JJF 1033—2016 中规定的从重复性试验方法,选择比对试验规定的检定点,在重复性实验条件下对被试表短时间内独立测量 10 次,测量结果见表 8.1。

由这些误差求得单次测量的试验标准差见式(8-3)~式(8-8):

$$s_{5A1.0} = \sqrt{\frac{\sum\limits_{i=1}^{n}(r_i - \bar{r})^2}{n-1}} = 0.000\,3(\%) \qquad (8-3)$$

$$s_{5A0.5(L)} = \sqrt{\frac{\sum\limits_{i=1}^{n}(r_i - \bar{r})^2}{n-1}} = 0.000\,4(\%) \qquad (8-4)$$

表 8.1　测量结果

实验条件	测量次数										$\bar{\gamma}$/%	s/%
	1	2	3	4	5	6	7	8	9	10		
220V 5A 1.0	-0.003 4	-0.003 6	-0.003 2	-0.003 2	-0.003 0	-0.003 8	-0.003 6	-0.003 4	-0.003 2	-0.003 0	-0.003 3	0.000 3
220V 5A 0.5(L)	-0.006 2	-0.006 7	-0.006 7	-0.007 1	-0.006 7	-0.006 2	-0.006 2	-0.005 8	-0.005 8	-0.006 2	-0.006 4	0.000 4
220V 5A 0.8(C)	-0.001 4	-0.001 2	-0.001 4	-0.001 4	-0.001 4	-0.002 0	-0.002 0	-0.002 0	-0.001 7	-0.001 2	-0.001 6	0.000 3
220V 1A 1.0	-0.004 1	-0.004 4	-0.004 8	-0.003 9	-0.003 5	-0.003 9	-0.003 9	-0.003 7	-0.003 7	-0.003 9	-0.004 0	0.000 4
220V 1A 0.5(L)	-0.007 2	-0.006 3	-0.006 3	-0.005 9	-0.005 4	-0.007 2	-0.005 9	-0.005 4	-0.005 9	-0.006 3	-0.006 2	0.000 6
220V 1A 0.8(C)	-0.003 2	-0.003 7	-0.003 4	-0.002 9	-0.002 3	-0.002 9	-0.002 9	-0.002 6	-0.002 9	-0.003 2	-0.003 0	0.000 4

$$s_{5A0.8(C)} = \sqrt{\dfrac{\sum\limits_{i=1}^{n}(r_i - \bar{r})^2}{n-1}} = 0.000\,3(\%) \tag{8-5}$$

$$s_{1A1.0} = \sqrt{\dfrac{\sum\limits_{i=1}^{n}(r_i - \bar{r})^2}{n-1}} = 0.000\,4(\%) \tag{8-6}$$

$$s_{1A0.5(L)} = \sqrt{\dfrac{\sum\limits_{i=1}^{n}(r_i - \bar{r})^2}{n-1}} = 0.000\,6(\%) \tag{8-7}$$

$$s_{1A0.8(C)} = \sqrt{\dfrac{\sum\limits_{i=1}^{n}(r_i - \bar{r})^2}{n-1}} = 0.000\,4(\%) \tag{8-8}$$

通常,对被检电能表重复独立测量 10 次相对误差,故 A 类不确定度 μ_A 结果见式(8-9)~式(8-14):

$$\mu_{A5A1.0} = s_{5A1.0} / \sqrt{10} = 0.000\,1(\%) \tag{8-9}$$

$$\mu_{A5A0.5(L)} = s_{5A.5(L)} / \sqrt{10} = 0.000\,1(\%) \tag{8-10}$$

$$\mu_{A5A0.8(C)} = s_{5A0.8(C)} / \sqrt{10} = 0.000\,1(\%) \tag{8-11}$$

$$\mu_{A1A1.0} = s_{1A1.0} / \sqrt{10} = 0.000\,1(\%) \tag{8-12}$$

$$\mu_{A1A0.5(L)} = s_{1A0.8(C)} / \sqrt{10} = 0.000\,2(\%) \tag{8-13}$$

$$\mu_{A1A0.8(C)} = s_{1A0.8(C)} / \sqrt{10} = 0.000\,1(\%) \tag{8-14}$$

8.4　B 类标准不确定度评定

B 类标准不确定分量主要是由三相标准电能表的准确度引起的,标准电能表的最大允许误差为 $\pm0.02\%$,被测量的可能值区间为(-0.02 , $+0.02$),区间的半宽为 0.02% ,假设测量值在区间的概率分布服从均匀分布,则包含因子 $k = \sqrt{3}$,则 B 类标准不确定度见式(8-15):

$$\mu_B = 0.02 / \sqrt{3} = 0.0115\% \tag{8-15}$$

8.5　合成标准不确定度

合成标准不确定度见式(8-16)~式(8-21):

$$\mu_{C5A1.0} = \sqrt{\mu_A^2 + \mu_B^2} = 0.011\,5\% \tag{8-16}$$

$$\mu_{C5A0.5(L)} = \sqrt{\mu_A^2 + \mu_B^2} = 0.011\,5\% \tag{8-17}$$

$$\mu_{C5A0.8(C)} = \sqrt{\mu_A^2 + \mu_B^2} = 0.011\,5\% \tag{8-18}$$

$$\mu_{C_{1A1.0}} = \sqrt{\mu_A^2 + \mu_B^2} = 0.011\ 5\% \tag{8-19}$$

$$\mu_{C_{1A0.5(L)}} = \sqrt{\mu_A^2 + \mu_B^2} = 0.011\ 7\% \tag{8-20}$$

$$\mu_{C_{1A0.8(C)}} = \sqrt{\mu_A^2 + \mu_B^2} = 0.011\ 5\% \tag{8-21}$$

8.6　扩展不确定度

将 u_c 乘以给定频率 p 的包含因子 k_p，从而得到扩展不确定度 $U_p = k_p u_c$。计算扩展不确定度时大多情况下 $p = 95\%$，包含因子 $k_{95} = 2$，$U_{95} = 2u_c$ 详见式（8-22）～式（8-27）。

$$U_{955A1.0} = 2\mu_c = 0.023\% \tag{8-22}$$

$$U_{955A0.5(L)} = 2\mu_c = 0.023\% \tag{8-23}$$

$$U_{955A0.8(C)} = 2\mu_c = 0.023\% \tag{8-24}$$

$$U_{951A1.0} = 2\mu_c = 0.023\% \tag{8-25}$$

$$U_{951A0.5(L)} = 2\mu_c = 0.023\% \tag{8-26}$$

$$U_{951A0.8(C)} = 2\mu_c = 0.023\% \tag{8-27}$$

8.7　扩展不确定度报告

0.02 级标准电能表，在比对试验规定的检定点下其不确定度如表 8.2 所示。

表 8.2　检定点不确定度

电压	电流	功率因数	相对误差/%	合成标准不确定度/%	扩展测量不确定度/%（$k=2$）
220V	5A	1.0	-0.003 1	0.011 5	0.023
220V	5A	0.5(L)	-0.006 4	0.011 5	0.023
220V	5A	0.8(C)	-0.001 4	0.011 5	0.023
220V	1A	1.0	-0.003 8	0.011 5	0.023
220V	1A	0.5(L)	-0.006 1	0.011 7	0.023
220V	1A	0.8(C)	-0.003 0	0.011 5	0.023

第九章

薛家湾供电局电能量值不确定度评定实例

薛家湾供电局三相标准电能表计量比对原始记录

委托单位	主导实验室		
仪表名称	三相标准电能表	型　号	RD1300
生产厂家	北京普华瑞迪科技有限公司	编　号	160902
出厂日期	2016－9　准确度等级　0.02级	频　率	50Hz
规　格	（60～480）V　（0.2～100）A	脉冲常数	$6 \times 10^7 / [\mathrm{imp}/(\mathrm{kW \cdot h})]$ $3 \times 10^8 / [\mathrm{imp}/(\mathrm{kW \cdot h})]$
校准日期	2017－8－8　预热时间　15min	辅助电源	220V±10%
校准员	崔兰　核验员	聂强	
校准依据	JJG 596—2012《电子式交流电能表检定规程》		

计量检定机构授权证书号:(蒙)法计(2014)15029号

校准所用计量标准考核证书号:〔2016〕蒙量标证字第2070号

校准环境条件:温度:20.0℃;湿度:51%

校准地点:薛家湾供电局计量中心三相电能表标准室202

所用的校准计量标准器:

名称	测量范围	准确度等级	证书编号	证书有效期
三相多功能电能表	3×(0～480)V 3×(0～100)A	0.02级	501451	2018.3.13
三相电能表检定装置	3×(57.7～480)V 3×(0.1～100)A	0.03级	701101	2019.1.14

测 量 结 果

平衡负载时:三相四线

电压	电流	功率因数	相对误差 $\gamma_1/\%$	相对误差 $\gamma_2/\%$	平均值 $\gamma/\%$	化整值 $\gamma/\%$
220V	5A	1.0	0.002 7	0.003 4	0.003 1	0.004
220V	5A	0.5(L)	− 0.003 2	− 0.003 2	− 0.003 2	− 0.004
220V	5A	0.8(C)	0.003 2	0.002 9	0.003 1	0.004
220V	1A	1.0	0.002 0	0.001 1	0.001 6	0.002
220V	1A	0.5(L)	0.000 2	0.001 5	0.000 9	0.000
220V	1A	0.8(C)	0.005 0	0.004 7	0.004 9	0.004

薛家湾供电局计量比对试验结果报告

单位名称	薛家湾供电局电能计量中心
试验日期	2017 年 8 月 8 日至 2017 年 8 月 8 日
传递标准编号	160902

电压	电流	功率因数	相对误差/%	合成标准 不确定度/%	扩展测量不确定度/% ($k=2$)
220V	5A	1.0	0.004	0.017	0.035
220V	5A	0.5(L)	− 0.004	0.023	0.046
220V	5A	0.8(C)	0.004	0.023	0.046
220V	1A	1.0	0.002	0.017	0.035
220V	1A	0.5(L)	0.000	0.023	0.046
220V	1A	0.8(C)	0.004	0.023	0.046

单位名称(盖章):薛家湾供电局电能计量中心

日期:2017 年 8 月 8 日

测量结果的不确定度评定

9.1 概述

9.1.1 测量依据:JJG 596—2012《电子式交流电能表检定规程》

9.1.2 环境条件:温度:20.0   湿度:51

9.1.3 测量标准:三相多功能标准电能表   型号:SB1300

  准确度等级:0.02级   出厂编号:501451

9.1.4 被测对象:三相电能标准电能表   型号:RD1300

  准确度等级:0.02级   出厂编号:160902

9.1.5 测量过程:装置输出一定功率给被检表,得到的电能值与装置输出的标准电能值比较,得到被检表在该功率时的相对误差。

  评定结果的使用:符合上述条件的测量结果直接用本不确定度的评定。

9.2 数学模型:

  测量的数学模型是指测量的结果与直接测量的量、引用的量以及影响量等有关量之间的数学函数关系,本次测量 Y 由直接测量得到的,所以被测量的数学模型为:

$$Y = X \tag{9-1}$$

式中 Y——被检电能检定装置测得的相对误差;

  X——三相电能表标准装置测得的相对误差。

9.3 输入量的标准不确定度评定

  输入量 X 的标准不确定度 u 的来源主要有以下几个方面;

  u_a——重复条件下由被检表测量不重复引起的不确定度分量 U_a,采用 A 类评定方法;

  u_b——三相电能表标准装置的误差引起的不确定度分量 u_b,采用 B 类评定方法。

9.3.1 标准不确定度 u_a 的评定:电压220V,电流1A

  改不确定度分项主要由被检电能表的测量不重复引起的,可以通过连续测量得到测量列,采用 A 类方法进行评定。具体方法:对该标准电能表分别在电压220V,电流1A,功率因数为1.0、0.5(L)、0.8(C)时各连续测量10次,如表9.1所示。

表9.1 被检表检定装置校验仪的相对误差

功率因数	次数										平均值%
	1	2	3	4	5	6	7	8	9	10	
1.0	0.002 0	0.001 1	−0.001 1	0.000 7	0.002 6	0.003 9	0.009 2	0.003 1	0.002 0	0.002 8	0.002 5
0.5(L)	0.000 2	0.001 5	−0.006 3	−0.006 3	−0.000 2	0.000 6	0.000 7	−0.004 1	0.001 1	−0.000 2	0.001 3
0.8(C)	0.005 0	0.004 7	0.003 4	0.004 2	0.004 2	0.003 9	−0.000 4	0.000 1	−0.001 0	0.000 7	0.002 5

样本标准偏差

$$\cos\phi = 1.0 \qquad s(y_i) = \sqrt{\frac{\sum_{i=1}^{n}(y_i - \overline{y})^2}{n-1}} = 0.002\ 7\% \qquad s_p = 0.002\ 7\%$$

$$\cos\phi = 0.5(L) \qquad s(y_i) = \sqrt{\frac{\sum_{i=1}^{n}(y_i - \overline{y})^2}{n-1}} = 0.003\ 0\% \qquad s_p = 0.003\ 0\%$$

$$\cos\phi = 0.8(C) \qquad s(y_i) = \sqrt{\frac{\sum_{i=1}^{n}(y_i - \overline{y})^2}{n-1}} = 0.002\ 3\% \qquad s_p = 0.002\ 3\%$$

在实际工作中以每个点两次测量平均值作为测量结果其相对标准不确定度见式(9-2)~式(9-4)：

$$\cos\phi = 1.0 \qquad u(y_i) = 0.004\ 0/\sqrt{2} = 0.001\ 9\% \qquad (9-2)$$

$$\cos\phi = 0.5(L) \qquad u(y_i) = 0.002\ 83/\sqrt{2} = 0.002\ 2\% \qquad (9-3)$$

$$\cos\phi = 0.8(C) \qquad u(y_i) = 0.002\ 22/\sqrt{2} = 0.001\ 7\% \qquad (9-4)$$

自由度：$v = m(n-1) = 9$

9.3.2 标准不确定度 u_b 的评定：$u(y_b)$

确定区间半宽：本次不确定度分量主要考虑三相电能表标准装置的最大允许误差所引的分量,因参与评定的标准电能表装置的准确度等级为0.03级,按 JJG 597—2005 的要求0.03级检定装置的允许误差限为 ±0.03%(cosφ = 1.0)、±0.04%[cosφ = 0.5(L)]和 ±0.04%[cosφ = 0.8(C)]取 $k = \sqrt{3}$ 因此装置误差引入的标准不确定度为如下。

9.3.3 计算B类标准不确定度计算B类标准不确定度见式(9-5)~式(9-7)。

$$\cos\phi = 1.0 \qquad u(y_b) = 0.03/\sqrt{3} = 0.017\ 3\% \qquad (9-5)$$

$$\cos\phi = 0.5(L) \qquad u(y_b) = 0.04/\sqrt{3} = 0.023\ 1\% \qquad (9-6)$$

$$\cos\phi = 10.8(C) \qquad u(y_b) = 0.04/\sqrt{3} = 0.023\ 1\% \qquad (9-7)$$

估计 $\Delta u(y_b)/u(y_b) = 10\%$ 自由度：$v = 50$

9.3.4 合成标准不确定度 u_c 的评定

数学模型 $Y = X$；

灵敏系数：$c = \partial Y / \partial X = 1$

合成标准不确定度汇总于表 9.2：

表 9.2 合成标准不确定度汇总

标准不确定度分量	不确定度来源	灵敏度	标准不确定度/%			υ		
			$\cos\phi$			$\cos\phi$		
			1.0	0.5（L）	0.8（C）	1.0	0.5（L）	0.8（C）
u_a	测量重复性		0.001 9	0.002 2	0.001 7	9	9	9
u_b	检定装置不确定度	1	0.017 3	0.023 1	0.001 7	50	50	50
u_c	合成标准不确定度		0.017 4	0.023 2	0.023 2	51	50	50

合成不确定度见式（9 - 8）~ 式（9 - 10）：

$$\cos\phi = 1.0 \qquad u_c = \sqrt{u_a^2 + u_b^2} = 0.017\,4\% \qquad (9-8)$$

$$\cos\phi = 0.5(L) \qquad u_c = \sqrt{u_a^2 + u_b^2} = 0.023\,2\% \qquad (9-9)$$

$$\cos\phi = 0.8(C) \qquad u_c = \sqrt{u_a^2 + u_b^2} = 0.0232\% \qquad (9-10)$$

合成标准不确定度的有效自由度

$$\cos\phi = 1.0 \qquad \nu_{eff} = U_C^4 / \sum U_i^4 / \nu_i = 51.2 \qquad 有效自由度取 50$$

$$\cos\phi = 0.5(L) \qquad \nu_{eff} = U_C^4 / \sum U_i^4 / \nu_i = 50.8 \qquad 有效自由度取 50$$

$$\cos\phi = 0.8(C) \qquad \nu_{eff} = U_C^4 / \sum U_i^4 / \nu_i = 50.5 \qquad 有效自由度取 50$$

9.4 扩展不确定度的评定

取包含概率 $p = 95\%$，得到

$\cos\phi = 1.0$，$\nu_{eff} = 50$，取包含因子 $k = 2$，则扩展不确定度 $k_p = 2 \times 0.017\,4 = 0.034\,8\%$；

$\cos\phi = 0.5(L)$，$\nu_{eff} = 50$，取包含因子 $k = 2$，则扩展不确定度 $k_p = 2 \times 0.023\,2 = 0.046\,4\%$；

$\cos\phi = 0.8(C)$，$\nu_{eff} = 50$，取包含因子 $k = 2$，则扩展不确定度 $k_p = 2 \times 0.023\,2 = 0.046\,4\%$。

9.5 标准不确定度 u_a 的评定：电压 220 V 电流 5 A

该不确定度分项主要由被检电能表的测量不重复引起的，可以通过连续测量得到测量列，采用 A 类方法进行评定。具体方法：对该标准电能表分别在电压 220 V 电流 5 A，功率因数为 1.0、0.5（L）、0.8（C）时各连续测量 10 次，如表 9.3 所示：

表 9.3　被检表检定装置校验仪的相对误差

功率因数	次数										平均值/%
	1	2	3	4	5	6	7	8	9	10	
1.0	0.003 7	0.003 4	0.003 1	0.002 0	0.002 0	0.000 7	0.002 3	0.002 7	−0.000 1	−0.000 4	0.001 9
0.5(L)	−0.003 2	−0.003 2	−0.005 4	−0.005 4	−0.005 4	−0.002 8	−0.001 9	−0.001 4	−0.004 9	−0.004 9	−0.003 9
0.8(C)	0.003 2	0.002 9	0.005 9	0.004 3	0.004 6	0.002 6	0.004 6	0.006 2	0.002 1	0.001 8	0.003 8

样本标准偏差

$$\cos\phi = 1.0 \qquad s(y_i) = \sqrt{\frac{\sum\limits_{i=1}^{n}(y_i - \overline{y})^2}{n-1}} = 0.001\,4\% \qquad s_p = 0.001\,4\%$$

$$\cos\phi = 0.5(L) \qquad s(y_i) = \sqrt{\frac{\sum\limits_{i=1}^{n}(y_i - \overline{y})^2}{n-1}} = 0.001\,5\% \qquad s_p = 0.001\,5\%$$

$$\cos\phi = 0.8(C) \qquad s(y_i) = \sqrt{\frac{\sum\limits_{i=1}^{n}(y_i - \overline{y})^2}{n-1}} = 0.001\,5\% \qquad s_p = 0.001\,5\%$$

在实际工作中以每个点 2 次测量平均值作为测量结果其相对标准不确定度见式(9-11)~式(9-13)：

$$\cos\phi = 1.0 \qquad u(y_i) = 0.001\,25/\sqrt{2} = 0.001\,0\% \qquad (9-11)$$

$$\cos\phi = 0.5(L) \qquad u(y_i) = 0.001\,45/\sqrt{2} = 0.001\,1\% \qquad (9-12)$$

$$\cos\phi = 0.8(C) \qquad u(y_i) = 0.001\,45/\sqrt{2} = 0.001\,1\% \qquad (9-13)$$

自由度：$v = m(n-1) = 9$

9.5.1　标准不确定度 u_b 的评定：$u(y_b)$

确定区间半宽：本次不确定度分量主要考虑三相电能表标准装置的最大允许误差所引的分量，因参与评定的标准电能表装置的准确度等级为 0.03 级，按 JJG 597—2005 的要求 0.03 级检定装置的允许误差限为 ±0.03%(cosϕ = 1.0)、±0.04%[cosϕ = 0.5(L)] 和 ±0.04%[cosϕ = 0.8(C)]取 $k = \sqrt{3}$ 因此装置误差引入的标准不确定度见式(9-14)~式(9-16)：

9.5.2　计算 B 类标准不确定度：

$$\cos\phi = 1.0 \qquad u(y_b) = 0.03/\sqrt{3} = 0.017\,3\% \qquad (9-14)$$

$$\cos\phi = 0.5(L) \qquad u(y_b) = 0.04/\sqrt{3} = 0.023\,1\% \qquad (9-15)$$

$$\cos\phi = 10.8(C) \qquad u(y_b) = 0.04/\sqrt{3} = 0.023\,1\% \qquad (9-16)$$

估计 $\Delta u(y_b)/u(y_b) = 10\%$ 　　自由度：$v = 50$

9.5.3 合成标准不确定度 u_c 的评定

数学模型 $Y = X$；

灵敏系数：$c = \partial Y / \partial X = 1$

合成标准不确定度汇总见表 9.4：

表 9.4 合成标准不确定度汇总

标准不确定度分量	不确定度来源	灵敏度	标准不确定度/%			ν		
			$\cos\phi$			$\cos\phi$		
			1.0	0.5(L)	0.8(C)	1.0	0.5(L)	0.8(C)
u_a	测量重复性		0.001 0	0.001 1	0.001 1	9	9	9
u_b	检定装置不确定度	1	0.017 3	0.023 1	0.023 1	50	50	50
u_c	合成标准不确定度		0.017 4	0.023 1	0.023 1	50	50	50

合成不确定度见式(9 - 17) ~ (9 - 19)：

$$\cos\phi = 1.0, u_c = \sqrt{u_a^2 + u_b^2} = 0.017\ 4\% \tag{9 - 17}$$

$$\cos\phi = 0.5(L), u_c = \sqrt{u_a^2 + u_b^2} = 0.023\ 1\% \tag{9 - 18}$$

$$\cos\phi = 0.8(C), u_c = \sqrt{u_a^2 + u_b^2} = 0.023\ 1\% \tag{9 - 19}$$

合成标准不确定度的有效自由度

$$\cos\phi = 1.0, \nu_{eff} = U_C^4 / \sum U_i^4 / \nu_i = 50.3 \quad \text{有效自由度取 } 50$$

$$\cos\phi = 0.5(L), \nu_{eff} = U_C^4 / \sum U_i^4 / \nu_i = 50.2 \quad \text{有效自由度取 } 50$$

$$\cos\phi = 0.8(C), \nu_{eff} = U_C^4 / \sum U_i^4 / \nu_i = 50.2 \quad \text{有效自由度取 } 50$$

9.6 扩展不确定度的评定

取包含概率 $p = 95\%$，得到：

$\cos\phi = 1.0, \nu_{eff} = 50$，取包含因子 $k = 2$，则扩展不确定度 $U_{95} = 2 \times 0.017\ 4 = 0.034\ 8\%$；

$\cos\phi = 0.5(L), \nu_{eff} = 50$，取包含因子 $k = 2$，则扩展不确定度 $U_{95} = \times 0.023\ 1 = 0.046\ 2\%$；

$\cos\phi = 0.8(C), \nu_{eff} = 50$，取包含因子 $k = 2$，则扩展不确定度 $U_{95} = \times 0.023\ 1 = 0.046\ 2\%$。

9.7 不确定度报告

在电压 220V 电流 1A $\cos\phi = 1.0$，时，测量结果的不确定度为 $U_{95} = 0.034\ 8\%$，$\nu_{eff} = 50$；

在电压 220V 电流 1A $\cos\phi = 0.5$（C）时，测量结果的不确定度为 $U_{95} = 0.046\ 2\%$，$\nu_{\text{eff}} = 50$；

在电压 220V 电流 1A $\cos\phi = 0.8$（L）时，测量结果的不确定度为 $U_{95} = 0.046\ 2\%$，$\nu_{\text{eff}} = 50$；

在电压 220V 电流 5A $\cos\phi = 1.0$ 时，测量结果的不确定度为 $U_{95} = 0.034\ 8\%$，$\nu_{\text{eff}} = 50$；

在电压 220V 电流 5A $\cos\phi = 0.5$（C）时，测量结果的不确定度为 $U_{95} = 0.046\ 4\%$，$\nu_{\text{eff}} = 50$；

在电压 220V 电流 5A $\cos\phi = 0.8$（L）时，测量结果的不确定度为 $U_{95} = 0.046\ 4\%$，$\nu_{\text{eff}} = 50$。

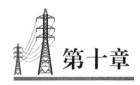

第十章

锡林郭勒电业局电能量值不确定度评定实例

锡林郭勒电业局三相标准电能表计量比对原始记录

委托单位	锡林郭勒电业局电能计量中心			
仪表名称	三相电能表检定装置		型　号	ST9001D5
生产厂家	河南思达高科技股份有限公司		编　号	721086
出厂日期	2012 – 12	准确度等级　0.03级	频　率	50（1±1%）Hz
规　格	（57.7~380）V　（0.1~100）A		脉冲常数	$6\times10^{7}/[\,\mathrm{imp}/(\mathrm{kW}\cdot\mathrm{h})\,]$ $3\times10^{8}/[\,\mathrm{imp}/(\mathrm{kW}\cdot\mathrm{h})\,]$
校准日期	2017 – 8 – 4	预热时间　20min	辅助电源	AC 220（1±10%）V
校准员	司敏	核验员	赵玉霞	
校准依据	JJG 596—2012《电子式交流电能表检定规程》			

计量检定机构授权证书号：（蒙）法计（2014）15032号

校准所用计量标准考核证书号：〔2013〕蒙量标证字第1619号

校准环境条件：温度：20.8℃　　湿度：62%RH

校准地点：锡林郭勒电业局电能计量中心电能表实验室

所用的校准计量标准器：RD1300

名称	测量范围	准确度等级	证书编号	证书有效期
三相标准电能表	（60~480）V，（0.1~100）A	0.02级	160902	2017 – 10 – 16

测 量 结 果

平衡负载时：三相四线

电压	电流	功率因数	相对误差 $\gamma_1/\%$	相对误差 $\gamma_2/\%$	平均值 $\gamma/\%$	化整值 $\gamma/\%$
220V	5A	1.0	0.000 1	0.000 7	0.000 4	0.000
220V	5A	0.5(L)	0.006 4	0.005 1	0.005 75	0.006
220V	5A	0.8(C)	−0.001 2	−0.001 7	−0.001 45	−0.002
220V	1A	1.0	0.000 8	0.000 8	0.000 8	0.000
220V	1A	0.5(L)	0.003 6	0.004 1	0.003 85	0.004
220V	1A	0.8(C)	−0.000 8	−0.002 1	−0.001 45	−0.002

锡林郭勒电业局计量比对试验结果报告

单位名称	锡林郭勒电业局电能计量中心
试验日期	2017 年 8 月 4 日至 2017 年 8 月 4 日
传递标准编号	160902

电压	电流	功率因数	相对误差/%	合成标准 不确定度/%	扩展测量不确定度/% （$k=2$）
220V	5A	1.0	0.000	0.019	0.038
220V	5A	0.5(L)	0.006	0.049	0.098
220V	5A	0.8(C)	−0.002	0.037	0.074
220V	1A	1.0	0.000	0.018	0.036
220V	1A	0.5(L)	0.004	0.024	0.048
220V	1A	0.8(C)	−0.002	0.021	0.042

单位名称(盖章)：锡林郭勒电业局电能计量中心

日期：2017 年 8 月 4 日

测量结果的不确定度评定

10.1 概述

10.1.1 JJG 596—2012《电子式交流电能表检定规程》。

10.1.2 条件:温度(20 ± 2)℃,湿度(60 ± 15)% RH

10.1.3 被测对象:三相标准电能表型号:RD1300 厂家:北京普华瑞迪科技有限公司。规格:$(60 \sim 480)$V,$(0.2 \sim 100)$A,准确度等级:0.02 级。

测量标准:0.03 级三相电能表标准装置。型号:ST9001D5 厂家:河南思达高科技股份有限公司。

10.1.4 测量过程:装置输出一定功率给被检表,并对被检表进行采样积分,得到的电能值与装置输出的标准电能值进行比较,得到被检表在该功率时的相对误差。

10.2 数学模型

10.2.1 建立数学模型

测量的数学模型是指测量结果与直接测量的量、引用的量以及影响量等有关量之间的数学函数关系,本次测量 Y 由直接测量得到,所以被测量的数学模型为:

$$Y = X \tag{10-1}$$

式中 Y——被检三相多功能标准表的相对误差;

X——三相电能表标准装置测得的相对误差。

10.2.2 测量不确定度的来源

主要有两方面:

① 在重复性标准条件下,由被测电能表测量不重复引起的不确定分量 U_a,采用 A 类评定方法。

② 三相电能表检定装置的测量误差、稳定性等引起的不确定度分量 U_b,采用 B 类评定方法。

10.2.3 测量不确定度评定

(1)标准不确定度分量 U_a 的评定

该不确定度分量主要是由于被检电能表表的测量不重复性引起的,可以通过连续测量得到的测量列,采用 A 类方法进行评定。

对被检标准电能表在三相四线额定电压 220V,5A 和 220V,1A 时分别在 $\cos\phi = 1.0$,$\cos\phi = 0.5(L)$,$\cos\phi = 0.8(C)$时,作为检定点,测量结果及计算各点 A 类标准不确定度见表 10.1:

表 10.1　各点 A 类标准不确定度

测量列 （$n=10$）	检 定 点					
	220V,5A $\cos\phi=1.0$	220V,5A $\cos\phi=0.5(L)$	220V,5A $\cos\phi=0.8(C)$	220V,1A $\cos\phi=1.0$	220V,1A $\cos\phi=0.5(L)$	220V,1A $\cos\phi=0.8(C)$
1	0.000 1	0.006 4	−0.001 2	0.000 8	0.003 6	−0.000 8
2	0.000 7	0.005 1	−0.001 7	0.000 8	0.004 1	−0.002 1
3	0.000 1	0.002 9	−0.001 4	0.000 4	0.002 8	−0.000 8
4	−0.000 1	0.005 5	−0.000 1	0.000 8	0.003 2	−0.000 8
5	−0.000 4	0.006 4	−0.001 7	0.000 8	0.004 1	−0.000 8
6	0.000 3	0.008 6	−0.004 2	0.000 4	0.003 2	−0.001 0
7	0.000 5	0.004 7	−0.002 3	−0.000 1	0.002 8	−0.000 5
8	0.000 5	0.006 0	−0.002 0	0.000 6	0.002 8	−0.000 5
9	0.000 7	0.006 0	−0.001 2	0.000 8	0.002 3	−0.001 0
10	0.000 5	0.005 1	−0.001 2	0.000 4	0.003 2	−0.000 8
测量结果 算术平均 值：$\bar{X}$	0.000 29	0.005 67	−0.001 70	0.000 57	0.003 21	−0.000 91
试验标准 偏差估计 值：$s(x_i)$	0.000 36	0.001 46	0.001 06	0.000 30	0.000 58	0.000 45
A 类标准 不确定度 $u_a=s/\sqrt{n}$	0.000 11	0.000 46	0.000 33	0.000 10	0.000 18	0.000 14

（2）标准不确定度 U_b 的评定：

1）确定区间半宽：本次不确定度分量主要考虑三相电能表标准装置的最大允许误差所引起的分量，因参与评定的标准电能表装置的准确度等级为 0.03 级，所以，电能表检定装置半宽 a 为 0.03%。

2）测量值在区间的概率分布：取正态分布。

3）确定正态分布时的包含因子：在正态分布情况下通过查表得出 $p=0.954\,5$ 时，$k=2$。

4）计算 B 类标准不确定度：$U_b=a/k=0.03\%/2=0.015\%$。

10.2.4　合成标准不确定度的计算

合成标准不确定是由 A 类标准不确定度和 B 类标准不确定度合成得到的，计算公式

为 $U_c = \sqrt{U_a^2 + U_b^2}$。

三相四线 220V，5A 时：

$\cos\phi = 1.0$ 时，$U_c = \sqrt{U_a^2 + U_b^2} = 0.019\%$；

$\cos\phi = 0.5(\text{L})$ 时，$U_c = \sqrt{U_a^2 + U_b^2} = 0.049\%$；

$\cos\phi = 0.8(\text{C})$ 时，$U_c = \sqrt{U_a^2 + U_b^2} = 0.037\%$。

三相四线 220V，1A 时：

$\cos\phi = 1.0$ 时，$U_c = \sqrt{U_a^2 + U_b^2} = 0.018\%$；

$\cos\phi = 0.5(\text{L})$ 时，$U_c = \sqrt{U_a^2 + U_b^2} = 0.024\%$；

$\cos\phi = 0.8(\text{C})$ 时，$U_c = \sqrt{U_a^2 + U_b^2} = 0.021\%$。

10.2.5 扩展不确定度的计算

公式为：$U = kU_c(k = 2)$。

三相四线 220V，5A 时：

$\cos\phi = 1.0$ 时，$U = kU_c = 0.038\%$；

$\cos\phi = 0.5(\text{L})$ 时，$U = kU_c = 0.098\%$；

$\cos\phi = 0.8(\text{C})$ 时，$U = kU_c = 0.074\%$。

三相四线 220V，1A：

$\cos\phi = 1.0$ 时，$U = kU_c = 0.036\%$；

$\cos\phi = 0.5(\text{L})$ 时，$U = kU_c = 0.048\%$；

$\cos\phi = 0.8(\text{C})$ 时，$U = kU_c = 0.042\%$。

10.3 结论

根据测量和计算结果，并与主导实验室传递标准进行比对，锡林郭勒电业局电能计量中心电能表实验室评定过程和结果符合要求。

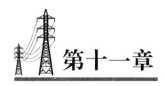

第十一章

乌兰察布电业局电能量值不确定评定实例

乌兰察布电业局三相标准电能表计量比对原始记录

委托单位	主导实验室		
仪表名称	三相标准电能表	型　号	RD1300
生产厂家	北京普华瑞迪科技有限公司	编　号	160902
出厂日期	2016 – 9　准确度等级　0.02 级	频　率	50Hz
规　格	(60 ~ 480) V　(0.2 ~ 100) A	脉冲常数	$6 \times 10^{7}/[\,\mathrm{imp}/(\mathrm{kW \cdot h})\,]$ $3 \times 10^{8}/[\,\mathrm{imp}/(\mathrm{kW \cdot h})\,]$
校准日期	2017 – 08 – 05　预热时间　30min	辅助电源	220V
校准员	武轶卫　核验员	武洁	
校准依据	JJG 1085—2013《标准电能表检定规程》		

计量检定机构授权证书号:(蒙)法计(2014)15033 号

校准所用计量标准考核证书号:〔2014〕蒙量标证字第 1814 号

校准环境条件:温度:20.7℃　湿度:53%RH

校准地点:乌兰察布电业局电能计量中心

所用的校准计量标准器:

名称	测量范围	准确度等级	证书编号	证书有效期
三相多功能 标准电能表	$3 \times (0 ~ 480)$ V $3 \times (0 ~ 100)$ A	0.02 级	能 13 字 第 2017 – B0040 号	2018.02.27
三相电能表 检定装置	$3 \times (57.7 ~ 380)$ V $3 \times (0.1 ~ 100)$ A	0.03 级	能 13 字 第 ZHZH2017 – WM04 号	2019.03.23

测 量 结 果

平衡负载时:三相四线

电压	电流	功率因数	相对误差 γ_1/%	相对误差 γ_2/%	平均值 γ/%	化整值 γ/%
220V	5A	1.0	−0.005 6	−0.005 4	−0.005 5	−0.006
220V	5A	0.5(L)	−0.006 3	−0.006 9	−0.006 6	−0.006
220V	5A	0.8(C)	−0.003 9	−0.003 9	−0.003 9	−0.004
220V	1A	1.0	−0.005 1	−0.005 3	−0.005 2	−0.006
220V	1A	0.5(L)	−0.008 6	−0.008 6	−0.008 6	−0.008
220V	1A	0.8(C)	−0.003 7	−0.003 4	−0.003 6	−0.004

乌兰察布电业局计量比对试验结果报告

单位名称	乌兰察布电业局电能计量中心
试验日期	2017 年 8 月 5 日至 2017 年 8 月 5 日
传递标准编号	160902

电压	电流	功率因数	相对误差/%	合成标准不确定度/%	扩展测量不确定度/% (k=2)
220V	5A	1.0	−0.005 5	0.017	0.034
220V	5A	0.5(L)	−0.006 6	0.023	0.046
220V	5A	0.8(C)	−0.003 8	0.023	0.046
220V	1A	1.0	−0.005 2	0.017	0.034
220V	1A	0.5(L)	−0.008 3	0.023	0.046
220V	1A	0.8(C)	−0.003 6	0.023	0.046

单位名称(盖章):乌兰察布电业局电能计量中心

日期:2017 年 8 月 7 日

测量结果的不确定度评定

11.1　概述

11.1.1　测量依据:JJG 1085—2013《标准电能表检定规程》

11.1.2　环境条件:温度:20.7℃湿度:53% RH

11.1.3　测量标准:

标准名称:0.03 级三相电能表检定装置

型号:ST - 9001D5　设备编号:701100

计量标准考核证书号:〔2014〕蒙量标证字第 1814 号

测量范围:$3 \times (57.7 \sim 380)$V,$3 \times (0.1 \sim 100)$A

11.1.4　被测对象:0.02 级三相标准电能表

型号:RD1300　设备编号:160902

测量范围:$(60 \sim 480)$V,$(0.2 \sim 100)$A

11.1.5　测量过程:检定装置输出一定功率给被检表,并对被检表进行采样积分,得到的电能值与装置输出的标准电能表进行比较,得到被检表在该功率时的相对误差。

11.2　数学模型

$$\gamma_H = \gamma_{Wo} \tag{11-1}$$

式中　γ_H——被检三相标准电能表的相对误差;

γ_{Wo}——三相电能表检定装置测得的相对误差。

测量不确定度来源分析

输入量 γ_{Wo} 的标准不确定度 $u(\gamma_{Wo})$ 的来源主要有三个方面:

(1)在重复性条件下测得值的分散性引起的不确定度分量 $u(\gamma_{Wo1})$,采用 A 类评定方法。

(2)由所用三相电能表检定装置引起的测量不确定度分量 $u(\gamma_{Wo2})$,采用 B 类评定方法。

(3)测量所得相对误差的修约间距引起的不确定度分量 $u(\gamma_{Wo3})$,采用 B 类评定方法。

11.3　标准不确定度分量 $u(\gamma_{Wo1})$ 的 A 类评定

该不确定度分量是由于被检标准电能表的重复性条件下测量结果分散性引起的,采用 A 类评定方法。

11.3.1 测量方法

11.3.1.1 在重复性条件下,对编号为 160902、0.02 级三相标准电能表在 220V 5A $\cos\phi = 1$, 220V 5A $\cos\phi = 0.5(L)$, 220V 5A $\cos\phi = 0.8(C)$, 220V 1A $\cos\phi = 1$, 220V 1A $\cos\phi = 0.5(L)$, 220V 1A $\cos\phi = 0.8(C)$, 六个测量点分别进行 $n = 10$ 次独立的重复测量,测量结果如表 11.1 所示。

11.3.1.2 计算被测量的最佳估计值 $\overline{\gamma}_{Wol}$ 见式(11-2):

$$\overline{\gamma}_{w01} = \frac{1}{n} \sum_{i=1}^{n} \gamma_i = \frac{\gamma_1 + \gamma_2 + \cdots + \gamma_n}{n} \tag{11-2}$$

220V 5A $\cos\phi = 1$,测量点下,$\overline{\gamma}_{Wol} = -0.0055\%$;

220V 5A $\cos\phi = 0.5(L)$,测量点下,$\overline{\gamma}_{Wol} = -0.0066\%$;

220V 5A $\cos\phi = 0.8(C)$,测量点下,$\overline{\gamma}_{Wol} = -0.0038\%$;

220V 1A $\cos\phi = 1$,测量点下,$\overline{\gamma}_{Wol} = -0.0052\%$;

220V 1A $\cos\phi = 0.5(L)$,测量点下,$\overline{\gamma}_{Wol} = -0.0083\%$;

220V 1A $\cos\phi = 0.8(C)$,测量点下,$\overline{\gamma}_{Wol} = -0.0036\%$。

11.3.1.3 计算实验标准偏差 $s(\gamma_{Wol})$

通过以上表格中的一系列测量值,用统计分析方法获得实验标准偏差 $s(\gamma_{Wol})$(见式 11-3):

$$s(\gamma_{w01}) = \sqrt{\frac{\sum_{i=1}^{n} (\gamma_i - \overline{\gamma}_{Wol})^2}{n-1}} \tag{11-3}$$

220V 5A $\cos\phi = 1$,测量点下,$s(\gamma_{Wol}) = 0.0001\%$;

220V 5A $\cos\phi = 0.5(L)$,测量点下,$s(\gamma_{Wol}) = 0.0003\%$;

220V 5A $\cos\phi = 0.8(C)$,测量点下,$s(\gamma_{Wol}) = 0.0002\%$;

220V 1A $\cos\phi = 1$,测量点下,$s(\gamma_{Wol}) = 0.0001\%$;

220V 1A $\cos\phi = 0.5(L)$,测量点下,$s(\gamma_{Wol}) = 0.0003\%$;

220V 1A $\cos\phi = 0.8(C)$,测量点下,$s(\gamma_{Wol}) = 0.0002\%$。

11.3.1.4 计算 A 类标准不确定度 $u_A(\overline{\gamma}_{Wol})$

用算术平均值 $\overline{\gamma}_{Wol}$ 作为被测量估计值,被测量估计值的 A 类标准不确定度为(见式 11-4):

$$u_A(\overline{\gamma}_{Wol}) = s(\overline{\gamma}_{Wol}) = \frac{s(\gamma_{Wol})}{\sqrt{n}},自由度 v = n - 1 \tag{11-4}$$

220V 5A $\cos\phi = 1$,测量点下,$u_A(\overline{\gamma}_{Wol}) = 0.00001\%$, $v = 9$;

220V 5A $\cos\phi = 0.5(L)$,测量点下,$u_A(\overline{\gamma}_{Wol}) = 0.00003\%$, $v = 9$;

220V 5A $\cos\phi = 0.8(C)$,测量点下,$u_A(\overline{\gamma}_{Wol}) = 0.00002\%$, $v = 9$;

表 11.1　测量结果

测量点	相对误差/%（测量值）										平均值 $\bar{\gamma}_{\text{Wo1}}$/%	实验标准偏差 s_{Wo1}/%
	γ_1	γ_2	γ_3	γ_4	γ_5	γ_6	γ_7	γ_8	γ_9	γ_{10}		
220V 5A $\cos\phi=1$	-0.005 6	-0.005 4	-0.005 6	-0.005 6	-0.005 4	-0.005 6	-0.005 4	-0.005 6	-0.005 5	-0.005 6	-0.005 5	0.000 1
220V 5A $\cos\phi=0.5(\text{L})$	-0.006 3	-0.006 9	-0.006 7	-0.006 3	-0.006 9	-0.006 9	-0.006 3	-0.006 9	-0.006 3	-0.006 3	-0.006 6	0.000 3
220V 5A $\cos\phi=0.8(\text{C})$	-0.003 9	-0.003 9	-0.003 9	-0.003 6	-0.003 4	-0.003 9	-0.003 6	-0.003 6	-0.003 9	-0.003 9	-0.003 8	0.000 2
220V 1A $\cos\phi=1$	-0.005 1	-0.005 3	-0.005 1	-0.005 1	-0.005 1	-0.005 3	-0.005 3	-0.005 3	-0.005 3	-0.005 3	-0.005 2	0.000 1
220V 1A $\cos\phi=0.5(\text{L})$	-0.008 6	-0.008 6	-0.008 1	-0.008 1	-0.008 1	-0.008 1	-0.008 1	-0.008 1	-0.008 6	-0.008 1	-0.008 3	0.000 3
220V 1A $\cos\phi=0.8(\text{C})$	-0.003 7	-0.003 4	-0.003 7	-0.003 7	-0.003 7	-0.003 4	-0.003 7	-0.003 4	-0.003 7	-0.003 4	-0.003 6	0.000 2

220V 1A $\cos\phi = 1$，测量点下，$u_A(\overline{\gamma}_{Wo1}) = 0.000\ 01\%$，$v = 9$；

220V 1A $\cos\phi = 0.5$（L），测量点下，$u_A(\overline{\gamma}_{Wo1}) = 0.000\ 03\%$，$v = 9$；

220V 1A $\cos\phi = 0.8$（C），测量点下，$u_A(\overline{\gamma}_{Wo1}) = 0.000\ 02\%$，$v = 9$。

11.3.2 标准不确定度分量 $u(\gamma_{Wo2})$ 的 B 类评定

该不确定度分量是由所用三相电能表检定装置引起的测量不确定度分量 $u(\gamma_{Wo2})$，采用 B 类评定方法。

（1）确定区间半宽度 a

根据 0.03 级三相电能表检定装置检定规程给出的最大允许误差为：$\cos\phi = 1$ 时，装置最大允许误差为 $\pm 0.03\%$；$\cos\phi = 0.5$（L）、$\cos\phi = 0.8$（C）时，装置最大允许误差为 $\pm 0.04\%$，可知：

$\cos\phi = 1$ 时，半宽度 a 为 0.03%；

$\cos\phi = 0.5$（L）、$\cos\phi = 0.8$（C）时，半宽度 a 为 0.04%。

（2）假设被测量值在区间内为均匀分布，查表可知包含因子 $k = \sqrt{3}$。

（3）计算 B 类标准不确定度 $u(\gamma_{Wo2})$：

$$u_B(\gamma_{Wo2}) = \frac{a}{k}，自由度 \ v_i \approx \frac{1}{2}\frac{u^2(\gamma_i)}{\sigma^2[\gamma(\gamma_i)]} \approx \frac{1}{2}\left[\frac{\Delta[u(\gamma_i)]}{u(\gamma_i)}\right]^{-2}$$

$\cos\phi = 1$ 时，$u_B(\gamma_{Wo2}) = \dfrac{a}{k} = \dfrac{0.03\%}{\sqrt{3}} = 0.017\%$；

$\cos\phi = 0.5$（L）、$\cos\phi = 0.8$（C）时，$u_B(\gamma_{Wo2}) = \dfrac{a}{k} = \dfrac{0.04\%}{\sqrt{3}} = 0.023\%$。

根据经验认为其可靠程度为 90%，查表可知 $\dfrac{\Delta[u(\gamma_i)]}{u(\gamma_i)} = 0.10$，

则自由度 $v_{Wo2} = \dfrac{1}{2}(0.1)^{-2} = 50$。

11.3.3 标准不确定度分量 $u(\gamma_{Wo3})$ 的 B 类评定

该不确定度分量是由测量所得相对误差的修约间距引起的不确定度分量 $u(\gamma_{Wo3})$，采用 B 类评定方法。

（1）确定区间半宽度 a

根据 JJG 1085—2013《标准电能表检定规程》中给出：0.02 级被检三相标准电能表的相对误差修约间距为 0.002%，则由修约引起的最大误差为 $\dfrac{0.002}{2}\%$，半宽度 a 为 0.001%。认为均匀分布，查表可知包含因子 $k = \sqrt{3}$。

（2）计算 B 类标准不确定度 $u(\gamma_{Wo3})$

$$u_B(\gamma_{Wo3}) = \frac{a}{k} \quad 自由度 \ v_i \approx \frac{1}{2}\frac{u^2(\gamma_i)}{2\sigma^2[\gamma(\gamma_i)]} \approx \frac{1}{2}\left[\frac{\Delta[u(\gamma_i)]}{u(\gamma_i)}\right]^{-2}$$

$$u_{\mathrm{B}}(\gamma_{\mathrm{Wo3}}) = \frac{a}{k} = \frac{0.001\%}{\sqrt{3}} = 0.0005\%$$

根据经验认为其可靠程度为 90%，查表可知 $\dfrac{\Delta[u(\gamma_i)]}{u(\gamma_i)} = 0.10$，

则自由度 $v_{\mathrm{Wo2}} = \dfrac{1}{2}(0.1)^{-2} = 50$。

11.3.4 合成标准不确定度的计算

被测量的估计值 y 的合成标准不确定度 $u_c(y)$ 的计算：

由于各输入量间不相关，相关系数 $r(\gamma_i, \gamma_j) = 0$，被测量的估计值 y 的合成标准不确

定度 $u_c(y) = \sqrt{\sum\limits_{i=1}^{N}\left[\dfrac{\partial f}{\partial \gamma_i}\right]^2 u^2(\gamma_i)}$。

又由于测量模型为 $\gamma_{\mathrm{H}} = \gamma_{\mathrm{Wo}}$，灵敏系数 $c_i = \dfrac{\partial f}{\partial \gamma_i} = 1$，合成不确定度为用 $u_c(y) =$

$\sqrt{\sum\limits_{i=1}^{N} u^2(\gamma_i)}$，自由度 $v_{\mathrm{eff}} \dfrac{u_c^4(y)}{\sum\limits_{i=1}^{N}\dfrac{u_i^4(y)}{v_i}}$ 公式来计算。

因此，合成标准不确定度 $u_c(\gamma_{\mathrm{Wo}}) = \sqrt{u_{\mathrm{A}}^2(\gamma_{\mathrm{Wo1}}) + u_{\mathrm{B}}^2(\gamma_{\mathrm{Wo2}}) + u_{\mathrm{B}}^2(\gamma_{\mathrm{Wo3}})}$，自由度

$$v_{\mathrm{eff}} = \frac{u^4(r_{\mathrm{Wo}})}{\dfrac{u^4(r_{\mathrm{Wo1}})}{v_{\mathrm{Wo1}}} + \dfrac{u^4(r_{\mathrm{Wo2}})}{v_{\mathrm{Wo2}}} + \dfrac{u^4(r_{\mathrm{Wo3}})}{v_{\mathrm{Wo3}}}}。$$

（1）在 220V 5A $\cos\phi = 1$、220V 1A $\cos\phi = 1$ 测量点下：

$$u_c(\gamma_{\mathrm{Wo}}) = \sqrt{(0.00001)^2 + (0.017)^2 + (0.0005)^2} = 0.017\%$$

$$自由度\ v_{\mathrm{eff}} = \frac{(0.017)^4}{\dfrac{(0.00001)^4}{9} + \dfrac{(0.017)^4}{50} + \dfrac{(0.0005)^4}{50}} = 50$$

（2）在 220V 5A $\cos\phi = 0.5(\mathrm{L})$、220V 1A $\cos\phi = 0.5(\mathrm{L})$ 测量点下：

$$u_c(\gamma_{\mathrm{Wo}}) = \sqrt{(0.00003)^2 + (0.023)^2 + (0.0005)^2} = 0.023\%$$

$$自由度\ v_{\mathrm{eff}} = \frac{(0.017)^4}{\dfrac{(0.00003)^4}{9} + \dfrac{(0.017)^4}{50} + \dfrac{(0.0005)^4}{50}} = 50$$

（3）220V 5A $\cos\phi = 0.8(\mathrm{C})$、220V 1A $\cos\phi = 0.8(\mathrm{C})$ 测量点下：

$$u_c(\gamma_{\mathrm{Wo}}) = \sqrt{(0.00002)^2 + (0.023)^2 + (0.0005)^2} = 0.023\%$$

$$自由度\ v_{\mathrm{eff}} = \frac{(0.017)^4}{\dfrac{(0.00002)^4}{9} + \dfrac{(0.017)^4}{50} + \dfrac{(0.0005)^4}{50}} = 50$$

11.4　扩展不确定度的评定

取包含概率 p 为 0.95，由 $v_{\text{eff}} = 50$，查表得：$k_{95} = t_{0.95}(50) = 2.01$，则扩展不确定度为：

$$U_{95} = k_{95} u_{\text{c}}(\gamma_{\text{W}_0}) \tag{11-5}$$

（1）在 220V 5A $\cos\phi = 1$、220V 1A $\cos\phi = 1$ 测量点下：

$$U_{95} = k_{95} u_{\text{c}}(\gamma_{\text{W}_0}) = 2.01 \times 0.017\% = 0.034\%$$

（2）在 220V 5A $\cos\phi = 0.5(\text{L})$、220V 1A $\cos\phi = 0.5(\text{L})$、220V 5A $\cos\phi = 0.8(\text{C})$、220V 1A $\cos\phi = 0.8(\text{C})$ 测量点下：

$$U_{95} = k_{95} u_{\text{c}}(\gamma_{\text{W}_0}) = 2.01 \times 0.023\% = 0.046\%$$

11.5　扩展不确定度报告

0.02 级三相标准电能表：

（1）在 220V 5A $\cos\phi = 1$、220V 1A $\cos\phi = 1$ 测量点下相对误差

测量结果的扩展不确定度：$U_{95} = 0.034\%$（$k = 2.01$），$v_{\text{eff}} = 50$。

（2）在 220V 5A $\cos\phi = 0.5(\text{L})$、220V 1A $\cos\phi = 0.5(\text{L})$、220V 5A $\cdot \cos\phi = 0.8(\text{C})$、220V 1A $\cos\phi = 0.8(\text{C})$ 测量点下相对误差测量结果的扩展不确定度：$U_{95} = 0.046\%$（$k = 2.01$），$v_{\text{eff}} = 50$。

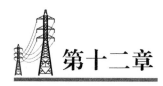

第十二章

呼和浩特供电局电能量值不确定度评定实例

呼和浩特供电局三相标准电能表计量比对原始记录

委托单位	呼和浩特供电局电能计量中心			
仪表名称	三相电能表检定装置		型　号	ST9001D5
生产厂家	河南思达高科技股份有限公司		编　号	701102
出厂日期	2011 – 12	准确度等级	0.03 级	频　率	50Hz
规　格	3 × (57.7 ~ 380) V ;3 × (0.1 ~ 100) A		脉冲常数	
校准日期	2017 – 8 – 7	预热时间	30min	辅助电源	
校准员	钱丹	核验员	崔艳芳		
校准依据	JJG 596—2012《电子式交流电能表检定规程》			

计量检定机构授权证书号:(蒙)法计(2014)15023 号

校准所用计量标准考核证书号:〔2012〕蒙量标证字第 1339 号

校准环境条件:温度:20.0℃　湿度:52% RH

校准地点:呼和浩特供电局电能计量中心校表实验室

所用的校准计量标准器:

名称	测量范围	准确度等级	证书编号	证书有效期
三相多功能标准电能表	3 × (30 ~ 480) V 3 × (0.2 ~ 100) A	0.02 级	能 13 字 第 2016 – B0354 号	2017.11.31
三相电能表检定装置	3 × (57.7 ~ 380) V 3 × (0.1 ~ 100) A	0.03 级	能 13 字 第 ZHZH2017 – HG01 号	2019.01.13

测 量 结 果

平衡负载时:三相四线

电压	电流	功率因数	相对误差 $\gamma_1/\%$	相对误差 $\gamma_2/\%$	平均值 $\gamma/\%$	化整值 $\gamma/\%$
220V	5A	1.0	−0.001 9	−0.002 3	−0.002 1	−0.002
220V	5A	0.5L	−0.005 8	−0.007 1	−0.006 5	−0.006
220V	5A	0.8C	−0.004 7	−0.000 1	−0.002 4	−0.002
220V	1A	1.0	−0.002 4	−0.002 6	−0.002 5	−0.002
220V	1A	0.5L	+0.005 5	−0.006 3	−0.000 4	−0.000
220V	1A	0.8C	−0.005 9	−0.001 5	−0.003 7	−0.004

呼和浩特供电局计量比对试验结果报告

单位名称	呼和浩特供电局电能计量中心
试验日期	2017 年 8 月 7 日至 2017 年 8 月 7 日
传递标准编号	160902

电压	电流	功率因数	相对误差/%	合成标准 不确定度/%	扩展测量不确定度/% ($k=2$)
220V	5A	1.0	−0.002 1	0.093	0.186
220V	5A	0.5(L)	−0.006 5	0.031	0.062
220V	5A	0.8(C)	−0.002 4	0.012	0.024
220V	1A	1.0	−0.002 5	0.012	0.024
220V	1A	0.5(L)	−0.004	0.006	0.012
220V	1A	0.8(C)	−0.003 7	0.022	0.044

单位名称(盖章):呼和浩特供电局电能计量中心

日期:2017 年 8 月 9 日

测量结果的不确定度评定

12.1 概述

12.1.1 测量依据

JJG 596—2012《电子式交流电能表检定规程》、JJF 1059.1—2012《测量不确定度的评定与表示》。

12.1.2 环境条件

温度:20.0℃;

相对湿度:52%RH。

12.1.3 测量标准

三相电能表标准装置 型号:ST9001D5、准确度等级:0.03级、出厂编号:701102。

被测对象:三相标准电能表 型号:RD1300、准确度等级:0.02级、出厂编号:160902。

12.2 输入量的标准不确定度的评定(1)

输入量的标准不确定度 u 的来源主要有两个方面:

u_A——在重复性条件下由被测电能表测量不重复引起的不确定度分项 u_A,采用 A 类评定方法;

u_B——单相电能表标准装置的误差引起的不确定度分项 u_B,采用 B 类评定方法。

12.2.1 标准不确定度分项 u_A 的评定

该不确定度分项主要是由于被检电能表的测量不重复引起的,可以通过连续测量得到测量列,采用 A 类方法进行评定。具体方法是对三相标准电能表 型号:RD1300、准确度等级:0.02级、出厂编号:160902。在 220V、5A,功率因素 1.0 时,各连续测量 4 次,如表 12.1 所示。

表 12.1 标准偏差

功率因数 $\cos\phi$ = 1.0				平均值/%	标准偏差/%
− 0.001 9	− 0.002 3	− 0.002 1	− 0.001 9	+ 0.002 1	0.002 8

A 类不确定度评定:对被测量进行独立重复观察,通过所得到的一系列测得值,用统计分析方法获得试验标准偏差 $s(x)$,当用算术平均值 $\bar{x}$ 作为被测量估计值时,A 类标准不确定度见式(12-1),式(12-2):

$$u_A = u(\bar{x}) = s(\bar{x}) = \frac{s(x)}{\sqrt{N}} \qquad (12-1)$$

其中:

$$s(\bar{x}) = \sqrt{\frac{\sum_{i=1}^{n} (x_i - \bar{x})^2}{n-1}} = 0.002\ 8\% \quad u_A = s(\bar{x}) = 0.002\ 8\% \quad (12-2)$$

12.2.2 标准不确定度分项 u_B 的评定

该标准装置精度为 0.02 级,误差限为 0.02% 。按均匀分布考虑 B 类标准不确定度:

$u_B = 0.02\%/\sqrt{3} = 0.001\ 2\%$

12.2.3 合成标准不确定度 u_c 的评定

合成不确定度: $u_c = \sqrt{u_A^2 + u_B^2} = 0.093\%$ 。

12.2.4 扩展不确定度的评定

扩展不确定度 U 为 $U = 2 \times u_c = 2 \times 0.093\% = 0.186\% (k=2)$ 。

12.3 输入量的标准不确定度的评定(2)

12.3.1 标准不确定度分项 u_A 的评定

该不确定度分项主要是由于被检电能表的测量不重复引起的,可以通过连续测量得到测量列,采用 A 类方法进行评定。具体方法是对三相标准电能表 型号:RD1300、准确度等级:0.02 级、出厂编号:160902。在 220V、5A,功率因素 0.5(L)时,各连续测量 4 次,如表 12.2 所示。

表 12.2 标准偏差

功率因数 $\cos\phi = 0.5(L)$				平均值/%	标准偏差/%
-0.005 8	-0.007 1	-0.006 5	-0.007 1	-0.006 5	0.009 2

A 类不确定度评定:对被测量进行独立重复观察,通过所得到的一系列测得值,用统计分析方法获得试验标准偏差 $s(x)$,当用算术平均值 $\bar{x}$ 作为被测量估计值时,A 类标准不确定度见式(12-3),(12-4):

$$u_A = u(\bar{x}) = s(\bar{x}) = \frac{s(x)}{\sqrt{N}} \quad (12-3)$$

其中:

$$s(\bar{x}) = \sqrt{\frac{\sum_{i=1}^{n} (x_i - \bar{x})^2}{n-1}} = 0.009\ 2\% \quad u_A = s(\bar{x}) = 0.009\ 2\% \quad (12-4)$$

12.3.2 标准不确定度分项 u_B 的评定

该标准装置精度为 0.02 级,误差限为 0.02% 。按均匀分布考虑 B 类标准不确定度:

$u_B = 0.02\%/\sqrt{3} = 0.001\ 2\%$ 。

12.3.3　合成标准不确定度 u_c 的评定

合成不确定度：$u_c = \sqrt{u_A^2 + u_B^2} = 0.031\%$。

12.3.4　扩展不确定度的评定

扩展不确定度 U 为 $U = 2 \times u_c = 2 \times 0.031\% = 0.062\%$（$k=2$）。

12.4　输入量的标准不确定度的评定（3）

12.4.1　标准不确定度分项 u_A 的评定

该不确定度分项主要是由于被检电能表的测量不重复引起的，可以通过连续测量得到测量列，采用 A 类方法进行评定。具体方法是对三相标准电能表 型号：RD1300、准确度等级：0.02 级、出厂编号：160902。在 220V、5A，功率因素 0.8（C）时，各连续测量 4 次，如表 12.3 所示。

表 12.3　标准偏差

功率因数 $\cos\phi = 0.8$（C）				平均值/%	标准偏差/%
−0.004 7	−0.000 1	−0.002 4	−0.000 1	−0.002 4	0.003 2

A 类不确定度评定：对被测量进行独立重复观察，通过所得到的一系列测得值，用统计分析方法获得试验标准偏差 $s(x)$，当用算术平均值 $\bar{x}$ 作为被测量估计值时，A 类标准不确定度见式（12−5），（12−6）：

$$u_A = u(\bar{x}) = s(\bar{x}) = \frac{s(x)}{\sqrt{N}} \tag{12−5}$$

其中：

$$s(\bar{x}) = \sqrt{\frac{\sum_{i=1}^{n}(x_i - \bar{x})^2}{n-1}} = 0.003\ 2\% \quad u_A = s(\bar{x}) = 0.003\ 2\% \tag{12−6}$$

12.4.2　标准不确定度分项 u_B 的评定

该标准装置精度为 0.02 级，误差限为 0.02%。按均匀分布考虑 B 类标准不确定度：$u_B = 0.02\% / \sqrt{3} = 0.001\ 2\%$。

12.4.3　合成标准不确定度 u_c 的评定

合成不确定度：$u_c = \sqrt{u_A^2 + u_B^2} = 0.012\%$。

12.4.4　扩展不确定度的评定

扩展不确定度 U 为：$U = 2 \times u_c = 2 \times 0.012\% = 0.024\%$（$k=2$）。

12.5　输入量的标准不确定度的评定（4）

12.5.1　标准不确定度分项 u_A 的评定

该不确定度分项主要是由于被检电能表的测量不重复引起的,可以通过连续测量得到测量列,采用 A 类方法进行评定。具体方法是对三相标准电能表 型号:RD1300、准确度等级:0.02 级、出厂编号:160902。在 220V、1A,功率因素 1.0 时,各连续测量 4 次,如表 12.4 所示。

表 12.4 标准偏差

功率因数 cosφ = 1.0				平均值/%	标准偏差/%
− 0.002 4	− 0.002 6	− 0.002 5	− 0.002 6	− 0.002 5	0.000 1

A 类不确定度评定:对被测量进行独立重复观察,通过所得到的一系列测得值,用统计分析方法获得试验标准偏差 $s(x)$,当用算术平均值 $\bar{x}$ 作为被测量估计值时,A 类标准不确定度见式(12 - 7)、式(12 - 8):

$$u_A = u(\bar{x}) = s(\bar{x}) = \frac{s(x)}{\sqrt{N}} \tag{12 - 7}$$

其中:

$$s(\bar{x}) = \sqrt{\frac{\sum_{i=1}^{n} (x_i - \bar{x})^2}{n - 1}} = 0.000\ 1\% \tag{12 - 8}$$

$$u_A = s(\bar{x}) = 0.000\ 1\%$$

12.5.2 标准不确定度分项 u_B 的评定

该标准装置精度为 0.02 级,误差限为 0.02%。按均匀分布考虑 B 类标准不确定度:$u_B = 0.02\%/\sqrt{3} = 0.001\ 2\%$。

12.5.3 合成标准不确定度 u_c 的评定

合成不确定度:$u_c = \sqrt{u_A^2 + u_B^2} = 0.012\%$。

12.5.4 扩展不确定度的评定

扩展不确定度 U 为 $U = 2 \times u_c = 2 \times 0.012\% = 0.024\%(k = 2)$。

12.6 输入量的标准不确定度的评定(5)

12.6.1 标准不确定度分项 u_A 的评定

该不确定度分项主要是由于被检电能表的测量不重复引起的,可以通过连续测量得到测量列,采用 A 类方法进行评定。具体方法是对三相标准电能表 型号:RD1300、准确度等级:0.02 级、出厂编号:160902。在 220V、1A,功率因素 0.5(L)时,各连续测量 4 次,如表 12.5 所示。

表 12.5　标准偏差

功率因数 $\cos\phi = 0.5(\mathrm{L})$			平均值/%	标准偏差/%
-0.0055	-0.0063	-0.0004	-0.0063	-0.0004	0.0001

A 类不确定度评定:对被测量进行独立重复观察,通过所得到的一系列测得值,用统计分析方法获得试验标准偏差 $s(x)$,当用算术平均值 $\bar{x}$ 作为被测量估计值时,A 类标准不确定度见式(12-9),(12-10):

$$u_{\mathrm{A}} = u(\bar{x}) = s(\bar{x}) = \frac{s(x)}{\sqrt{N}} \tag{12-9}$$

其中:

$$s(\bar{x}) = \sqrt{\frac{\sum\limits_{i=1}^{n}(x_i - \bar{x})^2}{n-1}} = 0.0001\% \quad u_{\mathrm{A}} = s(\bar{x}) = 0.0001\% \tag{12-10}$$

12.6.2　标准不确定度分项 u_{B} 的评定

该标准装置精度为 0.02 级,误差限为 0.02%。按均匀分布考虑 B 类标准不确定度:
$u_{\mathrm{B}} = 0.02\%/\sqrt{3} = 0.0012\%$。

12.6.3　合成标准不确定度 u_{c} 的评定

合成不确定度: $u_{\mathrm{c}} = \sqrt{u_{\mathrm{A}}^2 + u_{\mathrm{B}}^2} = 0.006\%$。

12.6.4　扩展不确定度的评定

扩展不确定度 U 为 $U = 2 \times u_{\mathrm{c}} = 2 \times 0.006\% = 0.012\%$($k=2$)。

12.7　输入量的标准不确定度的评定(6)

12.7.1　标准不确定度分项 u_{A} 的评定

该不确定度分项主要是由于被检电能表的测量不重复引起的,可以通过连续测量得到测量列,采用 A 类方法进行评定。具体方法是对三相标准电能表 型号:RD1300、准确度等级:0.02 级、出厂编号:160902。在 220V、1A,功率因素 0.8(C)时,各连续测量 4 次,如表 12.6 所示。

表 12.6　标准偏差

功率因数 $\cos\phi = 0.8(\mathrm{C})$			平均值/%	标准偏差/%
-0.0059	-0.0015	-0.0037	-0.0015	-0.0037	0.0031

A 类不确定度评定:对被测量进行独立重复观察,通过所得到的一系列测得值,用统计分析方法获得试验标准偏差 $s(x)$,当用算术平均值 $\bar{x}$ 作为被测量估计值时,A 类标准不确定度见式(12-11)~式(12-13):

$$u_A = u(\bar{x}) = s(\bar{x}) = \frac{s(x)}{\sqrt{N}} \qquad (12-11)$$

其中:

$$s(\bar{x}) = \sqrt{\frac{\sum\limits_{i=1}^{n}(x_i - \bar{x})^2}{n-1}} = 0.003\ 1\% \qquad (12-12)$$

$$u_A = s(\bar{x}) = 0.003\ 1\% \qquad (12-13)$$

12.7.2 标准不确定度分项 u_B 的评定

该标准装置精度为 0.02 级,误差限为 0.02%。按均匀分布考虑 B 类标准不确定度:
$u_B = 0.02\% / \sqrt{3} = 0.001\ 2\%$。

12.7.3 合成标准不确定度 u_c 的评定

合成不确定度:$u_c = \sqrt{u_A^2 + u_B^2} = 0.022\%$。

12.7.4 扩展不确定度的评定

扩展不确定度 U 为 $U = 2 \times u_c = 2 \times 0.022\% = 0.044\%$ $(k = 2)$。

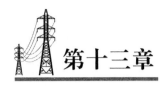

第十三章

内蒙古超高压供电局电能量值不确定度评定实例

内蒙古超高压供电局三相标准电能表计量比对原始记录

委托单位	主导实验室:内蒙古电力科学研究院电能计量检测中心			
仪表名称	三相标准电能表		型 号	RD1300
生产厂家	北京普华瑞迪科技有限公司		编 号	160902
出厂日期	2016 - 9	准确度等级 0.02 级	频 率	50Hz
规 格	$3 \times (60 \sim 480) V$ $3 \times (0.2 \sim 100) A$		脉冲常数	$6 \times 10^7 / [imp/(kW \cdot h)]$ $3 \times 10^8 / [imp/(kW \cdot h)]$
校准日期	2017 - 8 - 13	预热时间 30min	辅助电源	220V 50Hz
校准员		核验员		
校准依据	JJG 1085—2013《标准电能表检定规程》			

计量检定机构授权证书号:(蒙)法计(2014)15022

校准所用计量标准考核证书号:〔2012〕蒙量标证字第1356号

校准环境条件:温度:20.2℃ 湿度:52.4% RH

校准地点:内蒙古超高压供电局计量中心电能表标准实验室

所用的校准计量标准器:

名 称	测量范围	准确度等级	证书编号	证书有效期
三相标准电能表	$3 \times (30 \sim 480) V$ $3 \times (0.2 \sim 100) A$	0.02 级	能 13 字第 2017 - B0107 号	2018.05.15
三相电能表检定装置	$3 \times (57.7 \sim 380) V$ $3 \times (0.1 \sim 100) A$	0.03 级	能 13 字第 ZHZH2017 - CGY01 号	2019.01.14

测 量 结 果

平衡负载时:三相四线

电压	电流	功率因数	相对误差 $\gamma_1/\%$	相对误差 $\gamma_2/\%$	平均值 $\gamma/\%$	化整值 $\gamma/\%$
220V	5A	1.0	−0.002 1	−0.002 7	−0.002 4	−0.002
220V	5A	0.5(L)	−0.003 3	−0.003 1	−0.003 2	−0.003
220V	5A	0.8(C)	−0.001 4	−0.001 6	−0.001 5	−0.002
220V	1A	1.0	−0.003 2	−0.003 3	−0.003 2	−0.003
220V	1A	0.5(L)	−0.003 1	−0.003 3	−0.003 2	−0.003
220V	1A	0.8(C)	−0.003 4	−0.003 2	−0.003 3	−0.003

内蒙古超高压供电局计量比对试验结果报告

单位名称	内蒙古超高压供电局计量中心
试验日期	2017 年 8 月 13 日至 2017 年 8 月 13 日
传递标准编号	160902

电压	电流	功率因数	相对误差/%	合成标准 不确定度/%	扩展测量不确定度/% ($k=2$)
220V	5A	1.0	−0.002 4	0.017	0.035
220V	5A	0.5(L)	−0.003 2	0.017	0.035
220V	5A	0.8(C)	−0.001 5	0.017	0.035
220V	1A	1.0	−0.003 2	0.017	0.035
220V	1A	0.5(L)	−0.003 2	0.017	0.035
220V	1A	0.8(C)	−0.003 3	0.017	0.035

单位名称(盖章):内蒙古超高压供电局计量中心

日期:2017 年 8 月 13 日

测量结果的不确定度评定

13.1 概述

13.1.1 测量依据:JJG 1085—2013《标准电能表检定规程》

13.1.2 环境条件:温度:20.2℃

湿度:52.4%RH。

13.1.3 测量标准:0.03 级三相电能表标准装置,型号:SD9001D5,规格:3 × (57.7 ~ 380)V 3 × (0.1 ~ 100)A,

出厂编号:701141

生产厂家:河南思达股份有限公司。

13.1.4 被测对象:三相标准电能表,型号:RD1300,

规格:3 × (60 ~ 480)V 3 × (0.2 ~ 100)A

出厂编号:160902

生产厂家:北京普华瑞迪科技有限公司

13.1.5 测量时间:2017 年 8 月 13 日。

13.1.6 测量过程:装置输出一定功率给被检表,并对被检表进行采样积分,得到的电能值与装置输出的标准电能值进行比较,得到被检表在该功率时的相对误差。

13.1.7 评定结果的使用:符合上述条件的测量结果,一般可直接使用本不确定度的评定方法。

13.2 数学模型

数学模型见式(13 - 1)。

$$\gamma_H = \gamma_{W_o} \qquad\qquad (13 - 1)$$

式中 γ_H——被检三相三线电子式多功能电能表的相对误差;

γ_{W_o}——三相电能表标准装置上测得的相对误差。

13.3 输入量的标准不确定度的评定

输入量 γ_{W_o} 的标准不确定度 u 的来源主要有两个方面:在重复性条件下由测量重复性导致的测量结果引起的不确定度分项 u_A,采用 A 类评定方法;三相电能表检定装置的准确度引入的不确定度分项 u_B,采用 B 类评定方法。

13.3.1 重复性测量引入的不确定度 u_A 的评定

按照要求,开机将电能表检定装置预热 30min 以上开始进行误差测量,将型号

RD1300 三相标准电能表在表 13.1 规定检定点分别连续独立测量 10 次,获得测量值如表 13.2 所示。

表 13.1 规定检定点

电压	电流	功率因数	脉冲常数
220V	5A	1.0	$6 \times 10^7 / \left[\mathrm{imp} / (\mathrm{kW \cdot h}) \right]$
		0.5(L)	
		0.8(C)	
	1A	1.0	$3 \times 10^8 / \left[\mathrm{imp} / (\mathrm{kW \cdot h}) \right]$
		0.5(L)	
		0.8(C)	

表 13.2 被检电能表的相对误差

功率因数	测量次数										平均值/%
	1	2	3	4	5	6	7	8	9	10	
$\cos\phi = 1$ 5A	−0.002 8	−0.002 1	−0.001 7	−0.001 7	−0.002 1	−0.002 8	−0.002 8	−0.003 0	−0.002 5	−0.002 5	−0.002 4
$\cos\phi = 0.5(L)$ 5A	−0.002 8	−0.003 6	−0.003 2	−0.003 6	−0.003 2	−0.002 8	−0.000 9	−0.004 1	−0.003 6	−0.004 1	−0.003 2
$\cos\phi = 0.8(C)$ 5A	−0.001 7	−0.001 7	−0.001 4	−0.001 2	−0.000 9	−0.000 9	−0.001 2	−0.001 2	−0.002 0	−0.002 8	−0.001 5
$\cos\phi = 1$ 1A	−0.003 3	−0.003 3	−0.002 6	−0.003 5	−0.003 3	−0.003 3	−0.003 0	−0.003 9	−0.003 3	−0.002 8	−0.003 2
$\cos\phi = 0.5(L)$ 1A	−0.003 3	−0.003 3	−0.002 8	−0.002 4	−0.003 7	−0.003 3	−0.003 7	−0.003 3	−0.002 8	−0.003 3	−0.003 2
$\cos\phi = 0.8(C)$ 1A	−0.003 4	−0.003 7	−0.003 4	−0.002 9	−0.003 4	−0.003 7	−0.002 9	−0.003 2	−0.003 4	−0.002 9	−0.003 3

根据贝塞尔公式可以求出单次实验标准偏差:$s(x_i) = \sqrt{\dfrac{\sum\limits_{i=1}^{n} (x_i - \bar{x})^2}{n-1}}$(式中:$\bar{x}$ 为平均值)。

标准不确定度分量 $u_A = \bar{s}(x_i) = \dfrac{s(x_i)}{\sqrt{m}}$ (其中 $m = 10$)。

A 类不确定度见表 13.3。

表 13.3　测量结果的 A 类不确定度

比对试验点	评定事项		
	测量结果算术平均值/% : $\bar{x}$	标准偏差/% : $s(x_i) = \sqrt{\dfrac{\sum\limits_{i=1}^{n}(x_i - \bar{x})^2}{n-1}}$	A 类标准不确定度/% : $u_A = \bar{s}(x_i) = \dfrac{s(x_i)}{\sqrt{m}}$
220V；5A $\cos\phi = 1.0$	-0.002 4	0.000 47	0.000 15
220V；5A $\cos\phi = 0.5(L)$	-0.003 2	0.000 93	0.000 29
220V；5A $\cos\phi = 0.8(C)$	-0.003 2	0.000 58	0.000 18
220V；1A $\cos\phi = 1.0$	-0.003 2	0.000 36	0.000 11
220V；1A $\cos\phi = 0.5(L)$	-0.001 5	0.000 41	0.000 13
220V；1A $\cos\phi = 0.8(C)$	-0.003 3	0.000 31	0.000 10

13.3.2　电能表检定装置的准确度引入的不确定度 u_B

该不确定度分量主要是三相电能表标准装置的不确定度引起的,装置不确定度为 0.03% 。B 类评定时的标准不确定度分量由式(13-2)决定:

$$u_B = \frac{a}{k} \tag{13-2}$$

其中:a 为电能表检定装置最大允许误差的半宽;

k 为包含因子($k = \sqrt{3}$)。

所以:$u_B = a/k = 0.03\%/\sqrt{3} = 0.017\ 3\%$ 。

13.3.3　合成标准不确定度 u_c 的计算

由于各标准不确定度分量互不相关,故合成标准不确定度 u_c 可以按式(13-3)得出:

$$u_c = \sqrt{u_A + u_B} \tag{13-3}$$

合成标准不确定度见表 13.4。

表 13.4　合成标准不确定度

试验参数	$u_A/\%$	$u_B/\%$	$u_c/\%$
$\cos\phi = 1$ 5A	0.000 15	0.017 3	0.017 3
$\cos\phi = 0.5(L)$ 5A	0.000 29	0.017 3	0.017 3
$\cos\phi = 0.8(C)$ 5A	0.000 18	0.017 3	0.017 3

续表

试验参数	$u_A/\%$	$u_B/\%$	$u_C/\%$
$\cos\phi = 1$ 1A	0.000 11	0.017 3	0.017 3
$\cos\phi = 0.5(L)$ 1A	0.000 13	0.017 3	0.017 3
$\cos\phi = 0.8(C)$ 1A	0.000 10	0.017 3	0.017 3

13.3.4 扩展不确定度的评定

根据《2017 年电能量值比对实施方案》确定，$k = 2$。

所以，扩展不确定度 U 见式(13 - 4)：

$$U = ku_c \tag{13 - 4}$$

三相标准电能表在规定试验点时，测量结果的不确定度如表 13.5 所示。

表 13.5　测量结果不确定度一览表

检测点	功率因素	A 类 不确定度/%	B 类 不确定度/%	合成标准不确定度 $u_c/\%$	扩展不确定度 $U/\%$ ($k = 2$)
$3 \times 220V$ $3 \times 5A$	$\cos\phi = 1.0$	0.000 15	0.017	0.017	0.035
	$\cos\phi = 0.5(L)$	0.000 29	0.017	0.017	0.035
	$\cos\phi = 0.8(C)$	0.000 18	0.017	0.017	0.035
$3 \times 220V$ $3 \times 1A$	$\cos\phi = 1.0$	0.000 11	0.017	0.017	0.035
	$\cos\phi = 0.5(L)$	0.000 13	0.017	0.017	0.035
	$\cos\phi = 0.8(C)$	0.000 10	0.017	0.017	0.035

注：根据《2017 年电能量值比对实施方案》要求，结果保留两位有效数字。

下篇 电流互感器量值比对

第十四章

2017 年电流互感器量值比对实施方案

14.1 比对的目的及意义

本次比对的目的是为了考察电流互感器量值的一致程度,考察实验室电流互感器标准的准确度以及检定人员实际操作水平及数据处理的准确程度。

为保证本次比对的顺利实施,特制定本工作细则。参加本次比对工作的各计量技术机构的人员在比对工作中应严格遵守。

14.2 比对的组织

14.2.1 比对组织者:内蒙古电力公司营销部计量办公室

14.2.2 比对主导实验室

14.2.2.1 主导实验室

内蒙古电力科学研究院电能计量检测中心

联系人:余佳、史玉娟

电　话:××××××××××× , ×××××××××××

传　真:0471 - ×××××××

Email:dnjlzx@126.com

14.2.2.2 主导实验室主要职责

负责比对技术方案的制定,比对计划的具体实施,确定比对时间表,解决比对工作中各种技术问题,汇总并分析比对结果,起草比对总结报告等。同时负责对比对具体实施过程进行全程的监督领导,包括组织协调各方关系,对比对技术方案和比对总结报告的审定和上报等;如遇异常情况,及时向比对组织者联系。

14.2.3 参比实验室

14.2.3.1 参加对象

内蒙古电力公司计量中心授权机构名单(附件14.1)。

14.2.3.2 参比实验室责任

按照比对实施方案的进度完成比对工作,并记录比对全过程。按时向主导实验室上报原始记录、测量结果及其不确定度,参加比对总结及其相关技术活动。参比实验室应指定比对负责人,将负责人信息报至主导实验室。负责人职责是协调该单位比对的各个环节,包括样品接受、测试、传递等,保证按要求准确、安全、及时完成整个比对任务。

14.3　比对的依据

JJG 313—2010《测量用电流互感器》;

JJF 1059.1—2012《测量不确定度评定与表示》;

JJF 1117—2010《计量比对规范》。

14.4　比对路线及时间安排

本次比对将参加的实验室分为 2 个组,采取花瓣式比对路线。每个实验室应当在 3 个工作日内完成所有比对实验,并将传递标准送至下一个参比实验室。希望各实验室提前做好比对准备工作并严格遵守时间安排,以便保证比对工作的顺利进行。参比实验室分组情况和比对路线具体安排见附件 14.2。

14.5　传递标准

14.5.1　传递标准及特性描述

本次比对的传递标准由主导实验室提供。主导实验室选取了北京普华瑞迪科技有限公司生产的电流互感器作为传递标准。传递标准的详细参数见表 14.1。

表 14.1　传递标准详细参数

名　　称	电流互感器	生产厂商	北京普华瑞迪科技有限公司
准确度等级	0.02S 级	型号	HLS
额定一次电流	(5~2000)A	额定二次电流	5A
额定负荷	5V·A	功率因数	1
工作环境温度	(10~35)℃	工作环境湿度	≤80% RH

14.5.2　传递标准电流互感器误差参考值及其不确定度的确定方法

选定的传递标准经主导实验室确认后,在内蒙古电力科学研究院电能计量检测中心进行测量。确定参考值及其不确定度。

14.5.3　传递标准的使用和运输

14.5.3.1　传递标准的使用

标准电流互感器参比条件见 JJG 313—2010《测量用电流互感器》。

14.5.3.2　传递标准的运输

传递标准传送过程中应避免剧烈震动,避免温度剧烈变化以及长时间处于高温状态下,以确保样品准确度不受影响。传递标准必须由专人护送到下一个比对地点,不准采取其他的传送方式,传递标准自交接时起,到交到下一单位为止,由接收单位负责其安全。

14.5.4 传递标准的交接

传递标准交接时,应由发送实验室和接受实验室的技术人员共同检查传递标准的状况,如有缺损等异常情况请立即通知主导实验室,填写传递标准交接记录单(附件14.3),护送传递标准的单位应将交接单随传递标准放置在包装箱内,接收单位收到传递标准后,填写的交接单,一式二份,双方经办人签字后各执一联,同时传真至主导实验室,以便主导实验室监控传递标准的状态。

14.6 比对技术方案

14.6.1 比对用检验设备

比对用检验设备为各参比实验室现有最高等级的标准电流互感器、互感器校验仪及电流互感器负载箱。

14.6.2 比对的数据

比对单位以传递标准为被测,测出传递标准在以上规定检定点上的相对误差,给出每个测量点的测量结果的不确定度,并附测量不确定度评定过程。

测量不确定度评定要求:比对试验报告中给出的测量结果的不确定度应符合不确定度评定要求(例如:不确定度最后结果最多为两位有效数字,测量不确定度与测量结果应该末位对齐),对照比对试验过程,确定各不确定度分量,做到不确定度评定完整、合理。

14.6.3 比对结果报告

各参加实验室将测试结果填入比对试验报告,并对测量结果进行不确定度分析。

试验结果报告一式两份,经报告人签字,单位盖章后,在试验完成后5日内一份提供给电力公司营销部计量办,一份连同不确定度分析一起提供给主导实验室。同时提交纸质版和电子版,当两者不一致时以纸质版为准。

参比实验室须提供的报告内容如下:

(a)交接单(可用传真复印件)(附件14.3);

(b)比对原始记录(附件14.4);

(c)比对结果报告(单位盖章)(附件14.5);

(d)测量不确定度评定报告;

(e)计量标准考核证书复印件和计量标准器证书复印件。

14.7 比对结果评价

主导实验室负责编写比对报告。参考 JJG 313—2010《测量用电流互感器》和 JJF 1117—2010《计量比对规范》等相关文件进行比对结果的处理。

14.7.1　比对结果报告内容

（a）比对参考值及其不确定度；

（b）单个参比实验室的测量结果的等效度及其不确定度；

（c）等效度与其不确定度的一致性的评价参数；

（d）各实验室比对评价结果图表汇总。

14.7.2　参比实验室比对结果的评价方法

14.7.2.1　参考值及其不确定度评价

在对各参比实验室的测量结果及其不确定度进行合理性判别之后，首先要进行参考值及其不确定度的计算。参考值的计算方法很多，如加权平均值的方法。每个测量点参考值的计算可参照公式（14-1）：

$$Y_{ri} = \frac{\sum_{j=1}^{n} \dfrac{Y_{ji}}{u_{ji}^2}}{\sum_{j=1}^{n} \dfrac{1}{u_{ji}^2}} \qquad (14-1)$$

式中　Y_{ri}——实验室第 i 个测量点的参考值；

Y_{ji}——为第 j 个实验室上报的在第 i 个测量点的测量结果；

u_{ji}——为第 j 个实验室宣称的在第 i 个测量点上测量结果的不确定度，采用各实验室自评数据。

传递标准的参考值的不确定度由主导实验室给出。每个测量点参考值不确定度的计算可参照公式（14-2）：

$$u_{ri}^2 = \left(\sum_{j=1}^{n} \frac{1}{u_{ji}^2} \right)^{-1} \qquad (14-2)$$

式中　u_{ri}——第 i 个测量点的参考值的标准不确定度。

14.7.2.2　一致性评价

比对结果的判据采用 E_n 值的方法，E_n 值的计算方法见式（14-3）：

$$E_n = \frac{Y_{ji} - Y_{ri}}{k u_i} \qquad (14-3)$$

式中　k——覆盖因子，一般情况下 $k=2$；

U_i——第 i 个测量点上 $Y_{ji} - Y_{ri}$ 的标准不确定度：

$$u_i = \sqrt{u_{ji}^2 + u_{ri}^2 + u_{ei}^2}$$

u_{ri}——第 i 个测量点的参考值的标准不确定度；

u_{ji}——为第 j 个实验室宣称的在 i 个测量点上测量结果的不确定度；

u_{ei}——传递标准在第 i 个测量点上在比对期间的不稳定性对测量结果的影响。

能力评价：$|E_n| \leq 1$ 为比对满意，$|E_n| > 1$ 为比对不满意。

14.7.3　比对结果的报告

比对结果分别给出每个实验室的 E_n 值,用图表表示各实验室比对结果,并对提供的资料进行评价。

14.7.4 比对总结报告

比对总结报告初稿在内蒙古电力科学研究院电能计量检测中心讨论。

内蒙古电力科学研究院电能计量检测中心应充分听取参比实验室的意见,在初稿的基础上确定比对总结报告的最终版,并向电力公司营销处上报。

主导实验室在汇总和分析来自参比实验室的结果时,应特别注意校核数据输入、传送和统计分析的有效性;数据处理的有效位数的取舍以及剔除异常值应按现行有效规程进行;原始记录、电子备份文件等应按规定保存适当的期限。

对最后报告经主管部门和比对单位的同意,可以适当的方式公开发表。

14.8 意外情况处理和保密规定

在运输、交接、试验等过程中,一旦发现比对用传递标准出现有可能影响准确度的任何异常,请与主导实验室联系,不得擅自处理。经主导实验室确认不影响比对结果的,传递标准继续传递,若比对用样品出现明显损坏或经主导实验室确认可能影响比对结果的,将启用备用样品重新进行传递。

参比实验室因特殊理由需延长比对时间,应及时书面向比对组织者申请,得到批准后方可延时。

为了确保本次比对的真实性与公正性,在比对总结报告正式公布前,主导实验室、各参比实验室的相关人员均应对比对结果保密,不允许出现任何形式的数据串通,不得泄露任何与比对结果有关的信息,一经发现,上报公司营销处,给予通报。

附件 14.1 内蒙古电力公司计量中心参比授权机构名单

序号	机构名称	授权证书编号	负责人	备注
1	内蒙古电力科学研究院电能计量检测中心	（蒙）法计（2014）15021	董永乐	
2	乌海电业局计量中心	（蒙）法计（2014）15025	骆海波	
3	巴彦淖尔电业局电能计量中心	（蒙）法计（2014）15034	张亮	
4	锡林郭勒电业局电能计量中心	（蒙）法计（2014）15032	付有琛	
5	呼和浩特供电局电能计量中心	（蒙）法计（2014）15023	赵文彦	
6	乌兰察布电业局电能计量中心	（蒙）法计（2014）15033	姜华	
7	薛家湾电业局电能计量中心	（蒙）法计（2014）15029	王震	
8	鄂尔多斯电业局电能计量中心	（蒙）法计（2014）15028	赵智全	
9	超高压供电局电能计量中心	（蒙）法计（2014）15022	寇德谦	
10	包头供电局电能计量中心	（蒙）法计（2014）15024	高晓敏	
11	阿拉善电业局电能计量中心	（蒙）法计（2014）15021	曾凡云	

附件 14.2　参比实验室分组情况和比对路线具体安排

序号	日 期	机　构　名　称
1	7 月 10 日～12 日	内蒙古电力科学研究院电能计量检测中心
2	7 月 13 日～15 日	包头供电局电能计量中心
3	7 月 16 日～18 日	巴彦淖尔电业局电能计量中心
4	7 月 19 日～21 日	乌海电业局计量中心
5	7 月 22 日～24 日	阿拉善电业局电能计量中心
6	7 月 26 日～28 日	鄂尔多斯电业局电能计量中心
7	7 月 29 日～31 日	薛家湾供电局电能计量中心
8	8 月 1 日～3 日	内蒙古电力科学研究院电能计量检测中心
9	8 月 5 日～7 日	锡林郭勒电业局电能计量中心
10	8 月 8 日～10 日	乌兰察布电业局电能计量中心
11	8 月 11 日～13 日	呼和浩特供电局电能计量中心
12	8 月 14 日～16 日	超高压供电局电能计量中心
13	8 月 17 日～31 日	内蒙古电力科学研究院电能计量检测中心

附件 14.3 电流互感器比对传递标准交接单

交接单
经检查,如果没有问题,请在相应方框内打√,否则打×。

交接情况说明	交接单位	交接人（签字）	交接日期
发送实验室			
接受实验室			

1. 交接物品是否完好 □
2. 电流互感器一台 □
3. 交接地点：
4. 其他情况说明：

备注:各接收实验室在接到传递标准后应按要求核查传递标准是否有损坏或缺失,核对货物清单,填好交接单并及时通知主导实验室。交接单一式二联,交接双方各执一联。实验室完成比对实验后应按比对实施细则的要求将传递标准传递到下一个实验室,并负责通知该实验室做好接收准备,同时告知主导实验室。

此表一式两份,接收方、发送方各存留一份。

附件 14.4 互感器校准记录

送校单位：　　　　　　　　　型号规格：　　　　　　　　　仪器编号：

生产厂家：　　　　　　　　　环境温度(℃)：　　　　　　　相对湿度(%)：

误差	额定电流的百分数值	状态	测量次数						6 次测量平均值	备注
			1	2	3	4	5	6		
比值差/%	5	上升								
		下降								
		变差							最大变差：	
	20	上升								
		下降								
		变差							最大变差：	
	100	上升								
		下降								
		变差							最大变差：	
相位差(′)	5	上升								
		下降								
		变差							最大变差：	
	20	上升								
		下降								
		变差							最大变差：	
	100	上升								
		下降								
		变差							最大变差：	

校准日期：　　　　　　　　　校准员：　　　　　　　　　　核验员：

设备名称：　　　　　　　　　设备编号：

附件14.5 计量比对试验结果报告

单位名称	
试验日期	年　月　日～　　年　月　日
传递标准编号	

量限	误差	额定电流的百分数值	6次读数的平均值	化整值	合成标准不确定度	扩展测量不确定度（$k=2$）
5/5	比值差/%	100				
	相位差（′）	100				
20/5	比值差/%	100				
	相位差（′）	100				
100/5	比值差/%	100				
	相位差（′）	100				

单位名称（盖章）：

日期：　年　月　日

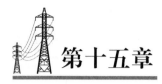

第十五章

主导实验室电流互感器量值测量不确定度评定

15.1 概述

1）测量依据:JJG 313—2010《测量用电流互感器》。

2）环境条件:温度:27℃相对湿度:58%。

3）测量标准:双级电流互感器,型号为 BL2582H,编号为 13012,规格为额定一次电流(5~10000)A、额定二次电流 5A、1A,准确度等级 0.002 级。

4）被测对象:名称为自升流精密电流互感器, 型号为 HLS-30 ,编号为 160502,规格为额定一次电流(5~2000)A 额定二次电流 5A , 准确度等级 0.02S 级。

5）测量过程:装置输出一定电流给被测电流互感器,并对被测电流互感器二次电流进行采样,得到的二次电流值与标准电流互感器输出的标准二次电流值比较,得到被测电流互感器在该电流下的角差与比差。

6）评定结果的使用:符合上述条件的测量结果,一般可直接使用本不确定度的评定方法。

15.2 测量模型

$$y = \chi \tag{15-1}$$

式中 y——被测电流互感器比值差(或角差);

χ——互感器校验仪测得的电流上升、下降比值差(或角差)的算术平均值的化整值。

15.3 输入量的标准不确定度的评定

输入量 χ 的标准不确定度 $u(\chi)$ 的来源主要有两方面:

$u(\chi_1)$——在重复性条件下由被测电流互感器测量重复性引起的标准不确定度分项,采用 A 类评定方法。

$u(\chi_2)$——标准电流互感器的误差引起的标准不确定度分项,采用 B 类评定方法。

15.3.1 标准不确定度分项 $u_A(\chi_1)$ 的评定

该不确定度分项主要是由于被测电流互感器的测量重复性引起的,可以通过连续测量得到测量列,采用 A 类方法进行评定。

由于本次比对路线采用的是花瓣式比对,主导实验室为使整个比对过程受控,选择在比对开始之前、比对过程中、比对结束之后三个时间节点对被测对象进行重复测量。试验人员对被测电流互感器在 5A/5A、20A/5A、100A/5A 档,额定功率因数为 $\cos\phi = 1.0$,额定百分数为 100% 时,各连续测量 10 次,得到电流上升、下降比值差、角差的算术平均值,如表 15.1、表 15.2 所示:

由于实际工作中,测得误差为电流上升、下降过程比值差的算术平均值,所以:

$\cos\phi = 1.0$、5A/5A 档,额定百分数为 100% 时,标准不确定度为 $u_A(\chi_1) = s_p/\sqrt{6} =$

$$\frac{\sqrt{\dfrac{\sum S_i^2}{m}}}{\sqrt{6}} = 0.000\ 029\% \quad 。$$

$\cos\phi = 1.0$、20A/5A 档,额定百分数为 100% 时,标准不确定度为 $u_A(\chi_1) = s_p/\sqrt{6} =$

$$\frac{\sqrt{\dfrac{\sum S_i^2}{m}}}{\sqrt{6}} = 0.000\ 000\% \quad 。$$

$\cos\phi = 1.0$、100A/5A 档,额定百分数为 100% 时,标准不确定度为 $u_A(\chi_1) = s_p/\sqrt{6} =$

$$\frac{\sqrt{\dfrac{\sum S_i^2}{m}}}{\sqrt{6}} = 0.000\ 011\% \quad 。$$

由于实际工作中,测得误差为电流上升、下降过程角差的算术平均值,所以:

$\cos\phi = 1.0$、5A/5A 档,额定百分数为 100% 时,标准不确定度为 $u_A(\chi_1) = s_p/\sqrt{6} =$

$$\frac{\sqrt{\dfrac{\sum S_i^2}{m}}}{\sqrt{6}} = 0.003\ 749' \quad 。$$

$\cos\phi = 1.0$、20A/5A 档,额定百分数为 100% 时,标准不确定度为 $u_A(\chi_1) = s_p/\sqrt{6} =$

$$\frac{\sqrt{\dfrac{\sum S_i^2}{m}}}{\sqrt{6}} = 0.000\ 000' \quad 。$$

$\cos\phi = 1.0$、100A/5A 档,额定百分数为 100% 时,标准不确定度为 $u_A(\chi_1) = s_p/\sqrt{6} =$

$$\frac{\sqrt{\dfrac{\sum S_i^2}{m}}}{\sqrt{6}} = 0.001\ 028' \quad 。$$

表 15.1 被测电流互感器的比值差

量限/A	组数	次数										$s_p/\%$
		1	2	3	4	5	6	7	8	9	10	
5/5	1 组	-0.004 40	-0.004 40	-0.004 45	-0.004 55	-0.004 55	-0.004 60	-0.004 50	-0.004 55	-0.004 55	-0.004 55	0.000 070
20/5	2 组	-0.000 50	-0.000 50	-0.000 50	-0.000 50	-0.000 50	-0.000 50	-0.000 50	-0.000 50	-0.000 50	-0.000 50	0.000 000
100/5	3 组	-0.005 45	-0.005 45	-0.005 45	-0.005 45	-0.005 40	-0.005 45	-0.005 45	-0.005 45	-0.005 50	-0.005 40	0.000 028

表 15.2 被测电流互感器的角差

量限/A	组数	次数										$s_p(')$
		1	2	3	4	5	6	7	8	9	10	
5/5	1 组	-0.182 50	-0.203 00	-207 50	-0.211 00	-215 00	-0.209 50	-0.212 50	-0.212 50	-0.205 50	-0.205 50	0.009 183
20/5	2 组	-0.062 00	-0.006 200	-0.062 00	-0.062 00	-0.062 00	-0.062 00	-0.062 00	-0.062 00	-0.062 00	-0.062 00	0.000 000
100/5	3 组	-0.209 50	-0.213 50	-0.215 00	-0.214 00	-0.214 50	-0.217 00	-0.216 00	-0.217 00	-0.216 50	-0.218 50	0.002 517

自由度：$v(\chi) = n - 1 = 10 - 1 = 9$。

15.3.2　标准不确定度 $u_B(\chi_2)$ 的评定

15.3.2.1　比值差的标准不确定度 $u_B(\chi_2)$ 的评定

该标准不确定度分项主要是由双级电流互感器的标准不确定度引起的，该双级电流互感器的准确度等级为 0.002 级，经上一级溯源单位检定合格，符合其技术指标要求。则最大允许误差为 ±0.002%，在区间内服从均匀分布，包含因子 $k = \sqrt{3}$，区间半宽 $a = 0.002\%$，则标准不确定度为：

$$u_B(\chi_2) = 0.002\% / \sqrt{3} = 0.001\ 155\% \qquad (15-2)$$

取 $\sigma[u(\chi_2)] / u(\chi_2) = 0.10$，则 $\nu(\chi_2) = 50$

15.3.2.2　角差的标准不确定度 $u_B(\chi_2)$ 的评定

该标准不确定度分项主要是由双级电流互感器的标准不确定度引起的，该双级电流互感器的准确度等级为 0.002 级，经上一级溯源单位检定合格，符合其技术指标要求。则最大允许误差为 ±0.068 755′，在区间内服从均匀分布，包含因子 $k = \sqrt{3}$，区间半宽 $a = 0.068\ 755′$，则标准不确定度为：

$$u_B(\chi_2) = 0.068\ 755′ / \sqrt{3} = 0.039\ 697′ \qquad (15-3)$$

取 $\sigma[u(\chi_2)] / u(\chi_2) = 0.10$，则 $\nu(\chi_2) = 50$

15.4　相对扩展不确定度的评定

15.4.1　灵敏系数

测量模型：$\qquad\qquad\qquad\qquad y = \chi$

灵敏系数：$\qquad\qquad\qquad\qquad c = 1$

15.4.2　各不确定度分量汇总及计算表（见表 15.3）

合成标准不确定度 u_c（其单位与输入量程的单位相同）、有效自由度 ν_{eff} 和扩展不确定度 U_{95}（其单位与输入量程的单位相同）的计算。

以 $\cos\phi = 1.0$、5A/5A 档，额定百分数为 100% 时的比值差不确定度计算为例。

表 15.3　各不确定度分量汇总及扩展不确定度计算表格

序号	不确定度来源	a_i	k_i	$u(x_i)$	c_i	$c_i u(x_i)$	ν_i
1	标准装置测量准确度	0.002	1.73	0.001 155	−1	−0.001 2	50
2	被检表的测量重复性			0.000 029	1	0.000 3	9
$u_c = 0.001\ 155$		$\nu_{eff} = 50$		$U_{95rel} = 0.002\ 312\ 7$		$k_{95} = 2.01$	
被检表的测量点：$X = 5A/5A$、$\cos\phi = 1.0$							

各输入量估计值彼此不相关，合成标准不确定度按 $u_c = \sqrt{\sum c_i^2 u^2(x_i)}$ 计算。

有效自由度按 $\nu_{\text{eff}} = \dfrac{u_{\text{c}}^4}{\displaystyle\sum_{i=1}^{N} \dfrac{\left[c_i u_i(x_i) \right]^4}{\nu_i}}$ 计算。

取包含概率 $p=95\%$，由 $\nu_{\text{eff}}=50$，查 t 分布表得到：

$$k_{95} = t_{95}(\nu_{\text{eff}}) = t_{95}(50) = 2.01 \qquad (15-4)$$

相对扩展不确定度 $U_{95\text{rel}}$ 为 $U_{95\text{rel}} = 0.002\ 322\%$。

各测试点测量不确定度及自由度汇总如表 15.4 所示：

表 15.4　各测试点测量不确定度及自由度汇总表

测试点	$u_{\text{A}}(\chi)$	$u_{\text{B}}(\chi_2)$	灵敏系数 $|c|$	$u_{\text{c}}(\chi)$	k_{95}	$U_{95\text{rel}}$	ν_{eff}
比值差 $\cos\phi=1.0$ 5A/5A	0.000 029%	0.001 155%	1	0.001 155%	2.01	0.002 322%	50
比值差 $\cos\phi=1.0$ 20A/5A	0.000 000%	0.001 155%	1	0.001 155%	2.01	0.002 321%	50
比值差 $\cos\phi=1.0$ 100A/5A	0.000 011%	0.001 155%	1	0.001 155%	2.01	0.002 322%	50
角差 $\cos\phi=1.0$ 5A/5A	0.003 749′	0.039 697′	1	0.039 874′	2.01	0.080 146′	50
角差 $\cos\phi=1.0$ 20A/5A	0.000 000′	0.039 697′	1	0.039 697′	2.01	0.079 791′	50
角差 $\cos\phi=1.0$ 100A/5A	0.001 028′	0.039 697′	1	0.039 710′	2.01	0.079 818′	50

15.5　测量不确定度的报告与表示

测量不确定度的报告表示方式如下：

比值差 $\cos\phi=1.0$、5A/5A 档，额定百分数为 100% 点：

$\gamma = -0.004\%$，$U_{95\text{rel}} = 0.003\%$，$\nu_{\text{eff}} = 50$。

比值差 $\cos\phi=1.0$、20A/5A 档，额定百分数为 100% 点：

$\gamma = -0.000\%$，$U_{95\text{rel}} = 0.003\%$，$\nu_{\text{eff}} = 50$。

比值差 $\cos\phi=1.0$、100A/5A 档，额定百分数为 100% 点：

$\gamma = -0.006\%$，$U_{95\text{rel}} = 0.003\%$，$\nu_{\text{eff}} = 50$。

角差 $\cos\phi = 1.0$、$5\text{A}/5\text{A}$ 档，额定百分数为 100% 点：

$\gamma = -0.20'$，$U_{95\text{rel}} = 0.09'$，$\nu_{\text{eff}} = 50$。

角差 $\cos\phi = 1.0$、$20\text{A}/5\text{A}$ 档，额定百分数为 100% 点：

$\gamma = -0.05'$，$U_{95\text{rel}} = 0.08'$，$\nu_{\text{eff}} = 50$。

角差 $\cos\phi = 1.0$、$100\text{A}/5\text{A}$ 档，额定百分数为 100% 点：

$\gamma = -0.20'$，$U_{95\text{rel}} = 0.08'$，$\nu_{\text{eff}} = 50$。

互感器校准记录见附件 15.1。

附件 15.1　互感器校准记录

送校单位:主导实验室　　　　型号规格:HLS-30　　　　仪器编号:160502
生产厂家:北京普华瑞迪科技有限公司　　环境温度(℃):27　　相对湿度(%):58

误差	额定电流的百分数值	状态	测量次数						6次测量	备注
			1	2	3	4	5	6	平均值	
比值差/%	5	上升	-0.0044	-0.0044	-0.0044	-0.0045	-0.0045	-0.0046	-0.0045	
		下降	-0.0044	-0.0044	-0.0045	-0.0046	-0.0046	-0.0046		
		变差	0.0000	0.0000	0.0001	0.0001	0.0001	0.0000		最大变差:0.0001
	20	上升	-0.0005	-0.0005	-0.0005	-0.0005	-0.0005	-0.0005	-0.0005	
		下降	-0.0005	-0.0005	-0.0005	-0.0005	-0.0005	-0.0005		
		变差	0.0000	0.0000	0.0000	0.0000	0.0000	0.0000		最大变差:0.0000
	100	上升	-0.0054	-0.0054	-0.0054	-0.0055	-0.0054	-0.0054	-0.0054	
		下降	-0.0055	-0.0055	-0.0055	-0.0054	-0.0054	-0.0055		
		变差	0.0001	0.0001	0.0001	0.0001	0.0000	0.0001		最大变差:0.0001
相位差(′)	5	上升	-0.165	-0.203	-0.208	-0.210	-0.215	-0.209	-0.205	
		下降	-0.200	-0.203	-0.207	-0.212	-0.215	-0.210		
		变差	0.035	0.000	0.001	0.002	0.000	0.001		最大变差:0.035
	20	上升	-0.062	-0.062	-0.062	-0.062	-0.062	-0.062	-0.062	
		下降	-0.062	-0.062	-0.062	-0.062	-0.062	-0.062		
		变差	0.000	0.000	0.000	0.000	0.000	0.000		最大变差:0.000
	100	上升	-0.207	-0.212	-0.214	-0.209	-0.210	-0.214	-0.214	
		下降	-0.212	-0.215	-0.216	-0.219	-0.219	-0.220		
		变差	0.005	0.003	0.002	0.010	0.010	0.006		最大变差:0.010

校准日期:2017-8-18　　　校准员:石浩渊　　　核验员:王桐
设备名称:双级电流互感器　　设备编号:13012

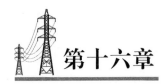

第十六章

2017 年内蒙古电网电流互感器量值比对报告

参加比对单位：

内蒙古电力科学研究院电能计量检测中心

锡林郭勒电业局电能计量中心

乌兰察布电业局电能计量中心

鄂尔多斯电业局电能计量中心

薛家湾供电局电能计量中心

巴彦淖尔电业局电能计量中心

乌海电业局计量中心

阿拉善电业局电能计量中心

包头供电局电能计量中心

内蒙古超高压供电局计量中心

呼和浩特供电局电能计量中心

16.1 比对的目的及意义

电能计量装置是电网与电厂间、电网与电网间、电网与用户间贸易结算用的强制检定计量器具，电力系统的许多重要经济指标，如发电量、供电量、售电量、线损等数据，都来源于电能计量装置，因此电能计量装置的准确性对电力系统至关重要，直接关系到发电、供电、用电多方的经济利益。而互感器作为电能计量装置的重要组成部分，其准确性要求尤为突出。

内蒙古电网目前有 10 家盟市级电能计量中心，一直负责对所管辖的区域开展互感器量值传递工作，运行良好。为了验证内蒙古电网供电区域互感器计量的准确性、一致性，内蒙古电力公司营销部决定开展一次 10 家盟市级电能计量中心标准互感器比对工作，由内蒙古电力科学研究院电能计量检测中心组织实施。

本次比对的目的是为了考察电流互感器量值的一致程度，考察实验室电流互感器标准的准确度以及检定人员实际操作水平及数据处理的准确程度。

16.2 实施过程

2017 年 6 月 26 日由内蒙古电力公司营销部下发了《关于开展内蒙古电力公司法定

计量检定机构量值比对的通知》《2017年电流互感器量值比对实施方案》。

2017年7月至2017年8月,内蒙古地区10个盟市级电能计量中心实施了电能最高标准装置的比对工作。本次比对将参加的实验室分为2个组,采取花瓣式比对路线。每个实验室应当在3个工作日内完成所有比对实验,并将传递标准送至下一个参比实验室。希望各实验室提前做好比对准备工作并严格遵守时间安排,以便保证比对工作的顺利进行。内蒙古电力(集团)有限责任公司参比实验室名单见附件16.1,参比实验室分组情况和比对路线具体安排见附件16.2。

为了增加此次比对工作的公正性和比对结果考核的科学性,内蒙古电力科学研究院电能计量检测中心作为主导实验室参加,其0.002级标准电流互感器是全区电流互感器的溯源标准。

16.3　实验室职责

16.3.1　主导实验室主要职责

负责比对技术方案的制定,比对计划的具体实施,确定比对时间表,解决比对工作中各种技术问题,汇总并分析比对结果,起草比对总结报告等。同时负责对比对具体实施过程进行全程的监督指导,包括组织协调各方关系,对比对的技术方案和比对总结报告的审定和上报等;如遇异常情况,及时向比对组织者联系。

16.3.2　参比实验室责任

按照比对实施方案的进度完成比对工作,并记录比对全过程。按时向主导实验室上报原始记录、测量结果及其不确定度评定报告,参加比对总结及其相关技术活动。参比实验室应指定比对负责人,将负责人信息报至主导实验室。负责人职责是协调该单位比对的各个环节,包括样品接受、测试、传递等,保证按要求准确、安全、及时完成整个比对任务。

16.4　比对的依据

JJG 313—2010《测量用电流互感器》;

JJF 1059.1—2012《测量不确定度评定与表示》;

JJF 1117—2010《测量比对规范》。

16.5　传递标准及比对试验点的选取

16.5.1　传递标准及特性描述

本次比对的传递标准由主导实验室提供。主导实验室选取了北京普华瑞迪科技有限公司生产的电流互感器作为传递标准。传递标准的详细参数见表16.1。

表 16.1　传递标准详细参数

名称	电流互感器	生产厂商	北京普华瑞迪科技有限公司
准确度等级	0.02S 级	型号	HLS
额定一次电流	(5~2 000)A	额定二次电流	5A
额定负荷	5V·A	功率因数	1
工作环境温度	(10~35)℃	工作环境湿度	≤80% RH

16.5.2　传递标准电能表误差参考值及其不确定度的确定方法

选定的传递标准经主导实验室确认后,在内蒙古电力科学研究院电能计量检测中心进行测量,确定参考值及其不确定度。

16.5.3　传递标准的使用和运输

16.5.3.1　传递标准的使用

标准电能表参比条件见 JJG 313—2010《测量用电流互感器》。

16.5.3.2　传递标准的运输

传递标准传送过程中应避免剧烈震动,避免温度剧烈变化以及长时间处于高温状态下,以确保样品准确度不受影响。传递标准必须由专人护送到下一个比对地点,不准采取其他的传送方式,传递标准自交接时起,到交到下一单位为止,由接收单位负责其安全。

16.5.4　传递标准的交接

传递标准交接时,应由发送实验室和接受实验室的技术人员共同检查传递标准的状况,如有缺损等异常情况请立即通知主导实验室,填写传递标准交接记录单,护送传递标准的单位应将交接单随传递标准放置在包装箱内,接收单位收到传递标准后,填写的交接单,一式二份,双方经办人签字后各执一联,同时传真至主导实验室,以便主导实验室监控传递标准的状态。

16.5.5　比对试验点的选取

比对试验点选取了不同量程、不同功率因数的 6 个点,详细参数见表 16.2。

表 16.2　电流互感器量值比对试验点

量限/A	误差	额定电流/A	功率因数
5/5	比值差/%	100	1.0
	相位差(′)	100	1.0
20/5	比值差/%	100	1.0
	相位差(′)	100	1.0
100/5	比值差/%	100	1.0
	相位差(′)	100	1.0

16.6 意外情况处理和保密规定

在运输、交接、试验等过程中,一旦发现比对用传递标准出现有可能影响准确度的任何异常,请与主导实验室联系,不得擅自处理。经主导实验室确认不影响比对结果的,传递标准继续传递,若比对用样品出现明显损坏或经主导实验室确认可能影响比对结果的,将启用备用样品重新进行传递。

参比实验室因特殊理由需延长比对时间,应及时书面向比对组织者申请,得到批准后方可延时。

为了确保本次比对的真实性与公正性,在比对总结报告正式公布前,主导实验室、各参比实验室的相关人员均应对比对结果保密,不允许出现任何形式的数据串通,不得泄露任何与比对结果有关的信息,一经发现,上报公司营销处,给予通报。

16.7 传递标准的稳定性考核

本次比对所选用的标准电流互感器稳定性较高,对比对结果的影响可以忽略。

16.8 参比实验室的测量结果及不确定度汇总

参加比对的 10 家电能计量中心均是内蒙古质量技术监督局授权的法定计量检定机构。参加比对单位以其标准互感器为标准,以传递标准为被试品,按表 16.2 规定点测量出各点相对误差后,出具检测原始记录。同时要求提供测量结果扩展不确定度评定报告,报告中要给出各试验点的扩展不确定度 U、包含因子 k 及有效自由度 ν_{eff}。测量结果的扩展不确定度评定方法参见 JJF 1059.1—2012《测量不确定度评定与表示》。各参比实验室的测量结果及扩展不确定度见表 16.3。

表 16.3 参比实验室的测量结果及不确定度汇总表

序号	参比实验室	试验点	计量标准准确度等级	测量结果 γ	合成标准不确定度 U_c	扩展不确定度 U	包含因子 k	有效自由度 ν_{eff}
1	包头供电局电能计量中心	比值差 $\cos\phi = 1.0$、5A/5A	0.05S 级	−0.010%	0.028 9%	0.058%	2	—
		比值差 $\cos\phi = 1.0$、20A/5A		−0.014%	0.029 1%	0.058%	2	—
		比值差 $\cos\phi = 1.0$、100A/5A		−0.002%	0.028 9%	0.058%	2	—

续表

序号	参比实验室	试验点	计量标准准确度等级	测量结果 γ	合成标准不确定度 U_c	扩展不确定度 U	包含因子 k	有效自由度 ν_{eff}
1	包头供电局电能计量中心	角差 $cos\phi=1.0$、5A/5A	0.05S级	-0.00′	1.2′	2.4′	2	—
		角差 $cos\phi=1.0$、20A/5A		+0.15′	1.2′	2.4′	2	—
		角差 $cos\phi=1.0$、100A/5A		-0.35′	1.2′	2.4′	2	—
2	巴彦淖尔电业局电能计量中心	比值差 $cos\phi=1.0$、5A/5A	0.05S级	-0.006%	0.028 9%	0.06%	2	—
		比值差 $cos\phi=1.0$、20A/5A		+0.002%	0.028 9%	0.06%	2	—
		比值差 $cos\phi=1.0$、100A/5A		-0.006%	0.028 9%	0.06%	2	—
		角差 $cos\phi=1.0$、5A/5A		-0.40′	1.15′	2.3′	2	—
		角差 $cos\phi=1.0$、20A/5A		-0.05′	0.073′	0.2′	2	—
		角差 $cos\phi=1.0$、100A/5A		-0.50′	1.15′	2.3′	2	—
3	乌海电业局计量中心	比值差 $cos\phi=1.0$、5A/5A	0.02S级	-0.002%	0.011 5%	0.023%	2	—
		比值差 $cos\phi=1.0$、20A/5A		-0.002%	0.011 5%	0.023%	2	—
		比值差 $cos\phi=1.0$、100A/5A		-0.010%	0.011 5%	0.023%	2	—
		角差 $cos\phi=1.0$、5A/5A		-0.30′	0.347′	0.69′	2	—
		角差 $cos\phi=1.0$、20A/5A		+0.00′	0.346′	0.69′	2	—
		角差 $cos\phi=1.0$、100A/5A		-0.40′	0.347′	0.69′	2	—

续表

序号	参比实验室	试验点	计量标准准确度等级	测量结果 γ	合成标准不确定度 U_c	扩展不确定度 U	包含因子 k	有效自由度 ν_{eff}
4	阿拉善电业局电能计量中心	比值差 $\cos\phi=1.0$、5A/5A	0.05S 级	−0.006%	0.016 7%	0.033 4%	2	—
		比值差 $\cos\phi=1.0$、20A/5A		+0.000%	0.016 7%	0.033 4%	2	—
		比值差 $\cos\phi=1.0$、100A/5A		−0.006%	0.016 7%	0.033 4%	2	—
		角差 $\cos\phi=1.0$、5A/5A		−0.50′	0.667′	1.334′	2	—
		角差 $\cos\phi=1.0$、20A/5A		+0.00′	0.667′	1.334′	2	—
		角差 $\cos\phi=1.0$、100A/5A		−0.55′	0.667′	1.334′	2	—
5	鄂尔多斯电业局电能计量中心	比值差 $\cos\phi=1.0$、5A/5A	0.02S 级	−0.010%	0.012%	0.024%	2	—
		比值差 $\cos\phi=1.0$、20A/5A		−0.002%	0.012%	0.024%	2	—
		比值差 $\cos\phi=1.0$、100A/5A		−0.010%	0.012%	0.024%	2	—
		角差 $\cos\phi=1.0$、5A/5A		−0.60	0.35′	0.70	2	—
		角差 $\cos\phi=1.0$、20A/5A		−0.10	0.35′	0.70	2	—
		角差 $\cos\phi=1.0$、100A/5A		−0.55	0.35′	0.70	2	—

续表

序号	参比实验室	试验点	计量标准准确度等级	测量结果 γ	合成标准不确定度 U_c	扩展不确定度 U	包含因子 k	有效自由度 ν_{eff}
6	薛家湾供电局电能计量中心	比值差 $\cos\phi = 1.0$、5A/5A	0.05S 级	−0.008%	0.011 573%	0.023 262%	2	50
		比值差 $\cos\phi = 1.0$、20A/5A		−0.002%	0.011 533%	0.023 181%	2	50
		比值差 $\cos\phi = 1.0$、100A/5A		−0.010%	0.011 533%	0.023 181%	2	50
		角差 $\cos\phi = 1.0$、5A/5A		−0.30′	0.360 620′	0.724 846′	2	50
		角差 $\cos\phi = 1.0$、20A/5A		−0.00′	0.346 530′	0.696 525′	2	50
		角差 $\cos\phi = 1.0$、100A/5A		−0.30′	0.346 703′	0.696 873′	2	50
7	锡林郭勒电业局电能计量中心	比值差 $\cos\phi = 1.0$、5A/5A	0.02S 级	−0.002%	0.02%	0.04%	2	—
		比值差 $\cos\phi = 1.0$、20A/5A		+0.002%	0.02%	0.04%	2	—
		比值差 $\cos\phi = 1.0$、100A/5A		+0.008%	0.02%	0.04%	2	—
		角差 $\cos\phi = 1.0$、5A/5A		−0.10′	0.30′	0.60′	2	—
		角差 $\cos\phi = 1.0$、20A/5A		−0.15′	0.30′	0.60′	2	—
		角差 $\cos\phi = 1.0$、100A/5A		−0.30′	0.31′	0.62′	2	—

续表

序号	参比实验室	试验点	计量标准准确度等级	测量结果 γ	合成标准不确定度 U_c	扩展不确定度 U	包含因子 k	有效自由度 ν_{eff}
8	乌兰察布电业局电能计量中心	比值差 $\cos\phi=1.0$、5A/5A	0.02S 级	−0.005%	0.012%	0.024%	2	—
		比值差 $\cos\phi=1.0$、20A/5A		−0.003%	0.012%	0.024%	2	—
		比值差 $\cos\phi=1.0$、100A/5A		−0.014%	0.012%	0.024%	2	—
		角差 $\cos\phi=1.0$、5A/5A		−0.42′	0.35′	0.7′	2	—
		角差 $\cos\phi=1.0$、20A/5A		−0.1′	0.35′	0.7′	2	—
		角差 $\cos\phi=1.0$、100A/5A		−0.42′	0.35′	0.7′	2	—
9	呼和浩特供电局电能计量中心	比值差 $\cos\phi=1.0$、5A/5A	0.05S 级	−0.012%	0.033%	0.066%	2	—
		比值差 $\cos\phi=1.0$、20A/5A		−0.004%	0.029%	0.058%	2	—
		比值差 $\cos\phi=1.0$、100A/5A		−0.010%	0.029%	0.058%	2	—
		角差 $\cos\phi=1.0$、5A/5A		−0.10′	1.2′	2.4′	2	—
		角差 $\cos\phi=1.0$、20A/5A		+0.10′	1.2′	2.4′	2	—
		角差 $\cos\phi=1.0$、100A/5A		−0.20′	1.2′	2.4′	2	—

续表

序号	参比实验室	试验点	计量标准准确度等级	测量结果 γ	合成标准不确定度 U_c	扩展不确定度 U	包含因子 k	有效自由度 ν_{eff}
10	内蒙古超高压供电局计量中心	比值差 $\cos\phi=1.0$、5A/5A	0.05S 级	-0.004	0.029%	0.058%	2	—
		比值差 $\cos\phi=1.0$、20A/5A		0.000	0.029%	0.058%	2	—
		比值差 $\cos\phi=1.0$、100A/5A		-0.004	0.029%	0.058%	2	—
		角差 $\cos\phi=1.0$、5A/5A		-0.30	1.2′	2.4′	2	—
		角差 $\cos\phi=1.0$、20A/5A		0.00	1.2′	2.4′	2	—
		角差 $\cos\phi=1.0$、100A/5A		-0.40	1.2′	2.4′	2	—

16.9 量值比对过程

16.9.1 参考值的确定

依据 JJF 1117—2010《计量比对规范》附录 D 中的规定，"当参比实验室的量值是由某一实验室的同一量值（直接或间接）传递而来时，应采用该实验室的量值作为参考值。该量值通常为国家计量基准或上一级计量标准。"本次量值比对选取主导实验室——内蒙古电力科学研究院电能计量检测中心的量值作为参考值。

16.9.2 离群值的判别与剔除

通常情况下，应用格拉布斯准则判定各参比实验室的测量结果是否存在离群值，但是各参比实验室所用的不确定度评定方法各不相同，不确定度来源判定各异，故不宜进行离群值的判别与剔除。

16.9.3 参比实验室比对结果的评价

通常情况下，参比实验室的测量结果与其不确定度的一致性用归一化偏差 E_n 进行评价。

通过归一化偏差 E_n 评价的计算公式如下：

$$E_n = \frac{Y_{ji} - Y_{ri}}{ku_i} \qquad (16-1)$$

式中：k——包含因子，一般情况 $k=2$；

Y_{ji}——第 j 个参比实验室上报的在第 i 个测量点上的测量结果；

Y_{ri}——第 i 个测量点上主导实验室的测量结果;

u_i——第 i 个测量点上 $Y_{ji} - Y_{ri}$ 的标准不确定度。

当 u_{ri} 与 u_{ji} 相互无关或相关较弱时,

$$u_i = \sqrt{u_{ji}^2 + u_{ri}^2 + u_{ei}^2} \qquad (16 - 2)$$

式中: u_{ri}——第 i 个测量点上参考值的标准不确定度;

u_{ji}——第 j 个实验室在第 i 个测量点上测量结果的标准不确定度;

u_{ei}——传递标准在第 i 个测量点上在比对期间的不稳定性对测量结果的影响。

本次电能量值比对中,在比对期间的不稳定性对测量结果的影响可以忽略,故不用考虑。

比对结果一致性的评判原则:

$|E_n| \leqslant 1$ 参比实验室的测量结果与参考值之差在合理的预期之内,比对结果可接受。

$|E_n| > 1$ 参比实验室的测量结果与参考值之差没有达到合理的预期,应分析原因。

例如:包头供电局计量中心归一化偏差 E_n 值评价见表16.4:

表 16.4　归一化偏差 E_n 值计算表

序号	实验室名称	试验点	k	u_{ji}	u	Y_{ji}	Y	E_n
1	内蒙古电力科学研究院	比值差 $\cos\phi = 1.0$、5A/5A	2	0.001		-0.004		
		比值差 $\cos\phi = 1.0$、20A/5A	2	0.001		-0.000		
		比值差 $\cos\phi = 1.0$、100A/5A	2	0.001		-0.006		
		角差 $\cos\phi = 1.0$、5A/5A	2	0.04		-0.20		
		角差 $\cos\phi = 1.0$、20A/5A	2	0.04		-0.05		
		角差 $\cos\phi = 1.0$、100A/5A	2	0.04		-0.20		
2	包头供电局电能计量中心	比值差 $\cos\phi = 1.0$、5A/5A	2	0.028 9	0.028 9	-0.010	-0.006	-0.104
		比值差 $\cos\phi = 1.0$、20A/5A	2	0.029 1	0.029 1	-0.014	-0.014	-0.240
		比值差 $\cos\phi = 1.0$、100A/5A	2	0.028 9	0.028 9	-0.002	0.004	0.069
		角差 $\cos\phi = 1.0$、5A/5A	2	1.2	1.200 7	-0.00	0.200	0.083
		角差 $\cos\phi = 1.0$、20A/5A	2	1.2	1.200 7	+0.15	0.200	0.083
		角差 $\cos\phi = 1.0$、100A/5A	2	1.2	1.200 7	-0.35	-0.15	-0.062

16.9.4　E_n 值汇总表

E_n 值汇总表见表 16.5。

表 16.5　E_n 值汇总表

序号	参比实验室	比值差 $\cos\phi=1.0$ 5A/5A	比值差 $\cos\phi=1.0$ 20A/5A	比值差 $\cos\phi=1.0$ 100A/5A	角差 $\cos\phi=1.0$ 5A/5A	角差 $\cos\phi=1.0$ 20A/5A	角差 $\cos\phi=1.0$ 100A/5A	比对结果
1	包头供电局电能计量中心	− 0.104	− 0.240	+ 0.069	+ 0.083	+ 0.083	− 0.062	满意
2	巴彦淖尔电业局电能计量中心	− 0.104	− 0.240	+ 0.069	+ 0.083	+ 0.083	+ 0.069	满意
3	乌海电业局计量中心	+ 0.087	− 0.087	− 0.173	− 0.143	0.072	− 0.286	满意
4	阿拉善电业局电能计量中心	− 0.060	+ 0.000	+ 0.000	− 0.224	+ 0.037	− 0.262	满意
5	鄂尔多斯电业局电能计量中心	− 0.249	− 0.083	− 0.166	− 0.568	− 0.071	− 0.497	满意
6	薛家湾供电局电能计量中心	− 0.172	− 0.009	− 0.017	− 0.138	+ 0.076	− 0.143	满意
7	锡林郭勒电业局电能计量中心	+ 0.050	+ 0.050	+ 0.350	+ 0.165	− 0.165	− 0.160	满意
8	乌兰察布电业局电能计量中心	− 0.042	− 0.125	− 0.332	− 0.312	− 0.071	− 0.312	满意
9	呼和浩特供电局电能计量中心	− 0.121	− 0.069	− 0.069	+ 0.042	+ 0.062	+ 0.000	满意
10	内蒙古超高压供电局计量中心	+ 0.000	+ 0.000	+ 0.034	− 0.042	+ 0.021	− 0.083	满意

16.10　E_n 值示意图

图 16.1 ~ 图 16.6 为各参比实验室的 E_n 值在不同变比下的点线图。

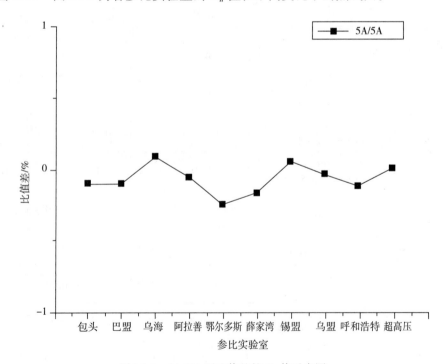

图 16.1　5A/5A 下比值差的 E_n 值示意图

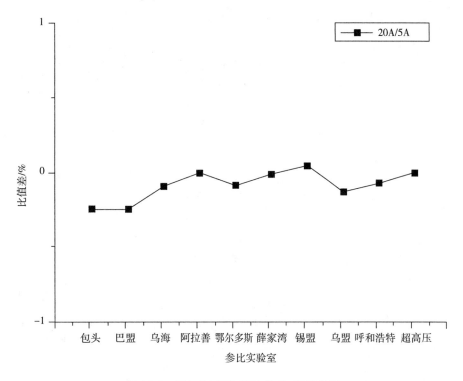

图 16.2　20A/5A 下比值差的 E_n 值示意图

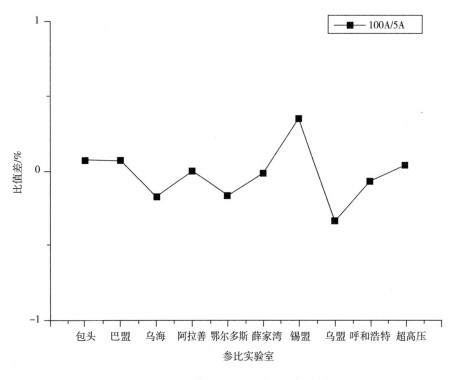

图 16.3　100A/5A 下比值差的 E_n 值示意图

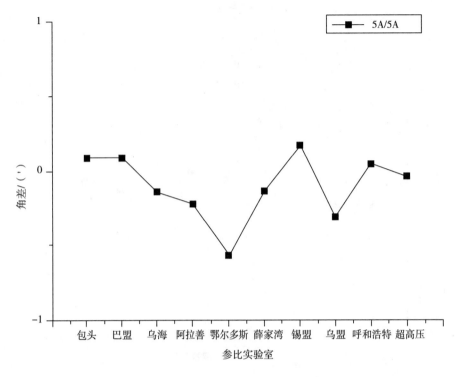

图 16.4　5A/5A 下角差的 E_n 值示意图

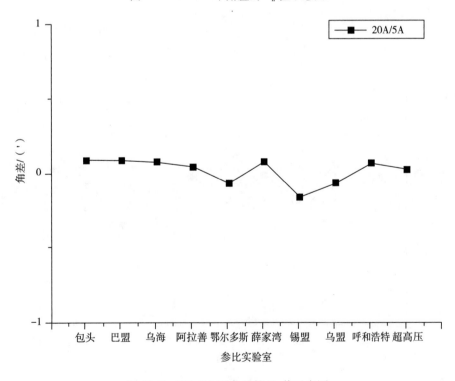

图 16.5　20A/5A 下角差的 E_n 值示意图

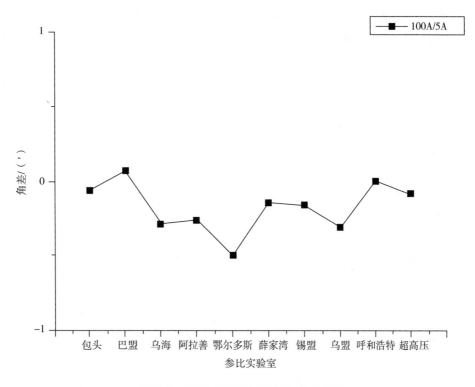

图 16.6　100A/5A 下角差的 E_n 值示意图

16.11　比对结论

（1）本次参比的实验室来自内蒙古电网盟市级的 10 家电能计量中心,主导实验室为内蒙古电力科学研究院电能计量检测中心。经过上述比对过程,结果表明,10 家参比实验室比对结果满意。但是,一些参比实验室在不确定度评定及计算过程中存在错误,故比对结果存在一定的不可靠性。

（2）由于各参比实验室不确定度来源判定不同,不确定度计算方法各异,故不能得出 E_n 越小,比对结果越好的结论。

（3）通过此次比对可以看出,部分试验人员在计量比对和不确定度评定的理解和掌握上仍有欠缺,对于计量基础的深刻理解不够,希望各参比实验室以后能够加强此方面的学习。

（4）此次参加比对的 10 家电能计量中心所用的不确定度评定方法各有不同:锡林郭勒电业局和阿拉善电业局的 B 类不确定度分量是采用正态分布进行评定的,其他 8 家采用均匀分布,根据 JJG 1059.1—2012 建议采用均匀分布更为合适。

（5）巴彦淖尔电业局、鄂尔多斯电业局的标准不确定度不应用 μ 表示。

（6）薛家湾供电局、锡林郭勒电业局对环境湿度的表述不够准确。

（7）乌海电业局的角差没有单位;乌兰察布电业局将角差单位写成了(″);阿拉善电

业局、巴彦淖尔电业局、薛家湾供电局在扩展不确定度的有效数字保留上出现问题;乌兰察布电业局比值差、角差化整修约不正确;锡林郭勒电业局角差的向量表示没有正交化。

（8）个别参比实验室在资料中出现笔误及不确定度计算错误。锡林郭勒电业局在计算合成标准不确定度时出现错误;呼和浩特供电局在 A 类不确定度评定中将$\sqrt{6}$误写为$\sqrt{10}$。

16.12 编写说明

此次比对工作,从 2017 年 6 月策划到 2017 年 9 月顺利完成,一直得到内蒙古电力(集团)有限责任公司营销部、内蒙古电力科学研究院电能计量检测中心的大力支持以及内蒙古地区 10 家电能计量中心的积极配合,在此谨向内蒙古电力(集团)有限责任公司营销部、内蒙古电力科学研究院电能计量检测中心、锡林郭勒电业局电能计量中心、乌兰察布电业局电能计量中心、鄂尔多斯电业局电能计量中心、薛家湾供电局电能计量中心、巴彦淖尔电业局电能计量中心、乌海电业局计量中心、阿拉善电业局电能计量中心、包头供电局电能计量中心、内蒙古超高压供电局计量中心、呼和浩特供电局电能计量中心的领导、技术人员表示衷心的感谢。

此次比对工作,受到了内蒙古电力(集团)有限责任公司营销部燕伯峰处长,主导实验室内蒙古电力科学研究院电能计量检测中心董永乐主任的大力支持,全过程参与,使本次量值比对工作顺利、圆满完成。

希望内蒙古地区 11 家电能计量中心继续加强多种形式的技术交流,提升内蒙古电网供电区域电能计量技术水平。

附件 16.1 内蒙古电力(集团)有限责任公司参比授权机构名单

序号	机构名称	授权证书编号	负责人	备注
1	内蒙古电力科学研究院电能计量检测中心	(蒙)法计(2014) 15021	董永乐	
2	乌海电业局计量中心	(蒙)法计(2014) 15025	骆海波	
3	巴彦淖尔电业局电能计量中心	(蒙)法计(2014) 15034	张亮	
4	锡林郭勒电业局电能计量中心	(蒙)法计(2014) 15032	付有琛	
5	呼和浩特供电局电能计量中心	(蒙)法计(2014) 15023	赵文彦	
6	乌兰察布电业局电能计量中心	(蒙)法计(2014) 15033	姜华	
7	薛家湾供电局计量中心	(蒙)法计(2014) 15029	王震	
8	鄂尔多斯电业局电能计量中心	(蒙)法计(2014) 15028	赵智全	
9	内蒙古超高压供电局计量中心	(蒙)法计(2014) 15022	寇德谦	
10	包头供电局电能计量中心	(蒙)法计(2014) 15024	高晓敏	
11	阿拉善电业局电能计量中心	(蒙)法计(2014) 15021	曾凡云	

附件 16.2　参比实验室分组情况和比对路线具体安排

序号	日期	机构名称
1	7 月 10 日～12 日	内蒙古电力科学研究院电能计量检测中心
2	7 月 13 日～15 日	包头供电局电能计量中心
3	7 月 16 日～18 日	巴彦淖尔电业局电能计量中心
4	7 月 19 日～21 日	乌海电业局计量中心
5	7 月 22 日～24 日	阿拉善电业局电能计量中心
6	7 月 26 日～28 日	鄂尔多斯电业局电能计量中心
7	7 月 29 日～31 日	薛家湾供电局电能计量中心
8	8 月 1 日～3 日	内蒙古电力科学研究院电能计量检测中心
9	8 月 5 日～7 日	锡林郭勒电业局电能计量中心
10	8 月 8 日～10 日	乌兰察布电业局电能计量中心
11	8 月 11 日～13 日	呼和浩特供电局电能计量中心
12	8 月 14 日～16 日	内蒙古超高压供电局计量中心
13	8 月 17 日～31 日	内蒙古电力科学研究院电能计量检测中心

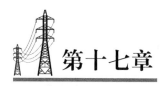

第十七章

包头供电局电流互感器量值不确定度评定实例

互感器校准记录

送校单位:包头供电局电能计量中心 型号规格:HLS-30 仪器编号:160502

生产厂家:北京普华瑞迪科技有限公司 环境温度(℃):26 相对湿度(%):42

单位为%

| 误差 | 额定电流/A | 状态 | 测量次数 | | | | | | 6次测量平均值 | 备注 |
			1	2	3	4	5	6		
比值差/%	5	上升	-0.008 9	-0.010 0	-0.010 3	-0.009 8	-0.011 5	-0.010 5	-0.009 7	
		下降	-0.008 6	-0.009 5	-0.010 0	-0.009 2	-0.008 1	-0.010 0		
		变差	0.000 3	0.000 5	0.000 3	0.000 6	0.003 4	0.000 5	最大变差:0.003 4	
	20	上升	-0.002 2	-0.002 2	-0.002 3	-0.008 9	-0.008 4	-0.007 3	-0.005 1	
		下降	-0.002 3	-0.002 4	-0.002 4	-0.007 1	-0.006 5	-0.009 5		
		变差	0.000 1	0.000 2	0.000 0	0.001 8	0.001 9	0.002 3	最大变差:0.002 3	
	100	上升	-0.012 7	-0.013 2	-0.012 9	-0.013 6	-0.013 5	-0.012 9	-0.013 2	
		下降	-0.012 5	-0.013 7	-0.013 3	-0.012 5	-0.013 9	-0.013 1		
		变差	0.000 2	0.000 5	0.000 4	0.001 1	0.000 4	0.000 2	最大变差:0.001 1	
相位差(′)	5	上升	+0.001 9	+0.294 6	+0.330 7	+0.002 3	+0.255 4	+0.250 7	0.142 0	
		下降	+0.026 2	+0.206 6	+0.054 0	+0.022 4	+0.205 1	+0.054 0		
		变差	0.024 3	0.088 0	0.276 7	0.020 1	0.050 3	0.196 7	最大变差:0.276 7	
	20	上升	+0.026 3	+0.000 5	-0.012 3	+0.013 0	+0.001 5	-0.012 3	-0.002 8	
		下降	+0.000 6	-0.010 7	-0.017 3	+0.000 6	-0.010 7	-0.013 2		
		变差	0.025 7	0.010 2	0.005 0	0.012 4	0.011 2	0.000 9	最大变差:0.025 7	
	100	上升	-0.329 1	-0.335 2	-0.321 2	-0.325 1	-0.335 8	-0.333 1	-0.334 5	
		下降	-0.334 5	-0.335 1	-0.348 6	-0.336 7	-0.335 2	-0.344 3		
		变差	0.005 4	0.000 1	0.027 4	0.011 6	0.000 6	0.011 2	最大变差:0.027 4	

校准日期:2017-7-14 校准员:许丽英 核验员:赵燕

设备名称:电流互感器 设备编号:5343

包头供电局计量比对试验结果报告

单位名称	包头供电局电能计量中心
试验日期	2017 年 7 月 14 日至 2017 年 7 月 18 日
传递标准编号	160502

量限/A	误差	额定电流/A	6 次读数的平均值	化整值	合成标准不确定度	扩展测量不确定度($k=2$)
5/5	比值差/%	100	−0.009 7	−0.010	0.028 9	0.058
	相位差(′)	100	−0.005 1	−0.00	1.2	2.4
20/5	比值差/%	100	−0.013 2	−0.014	0.029 1	0.058
	相位差(′)	100	0.142 0	0.15	1.2	2.4
100/5	比值差/%	100	−0.002 8	−0.002	0.028 9	0.058
	相位差(′)	100	−0.334 5	−0.35	1.2	2.4

单位名称(盖章):包头供电局电能计量中心

日期:2017 年 7 月 18 日

测量结果的不确定度评定

17.1　概述

17.1.1　测量依据:JJG 313—2010《测量用电流互感器》。

17.1.2　环境条件:温度(10~35)℃,相对湿度≤80%。

17.1.3　测量标准:电流互感器 HL-53GC,出厂编号 5343,准确度 0.05S 级;一次电流(5~3000)A,二次电流 5A。

17.1.4　被测对象:电流互感器 HLS-30,出厂编号 160502,准确度 0.02 级;一次电流(5~3000)A,二次电流 5A,额定负荷 5V·A。

17.1.5　测量方法:标准源法

17.2　测量模型

$$\Delta = U_X - U_N \tag{17-1}$$

式中　Δ——被检互感器示值误差;

　　　U_X——被检互感器示值;

　　　U_N——标准源输出值。

17.3　输入量的标准不确定度的评定

根据测量模型,被检互感器的测量不确定度取决于输入量 U_X、U_N 的不确定度。

17.3.1　标准不确定度分项 $u(U_X)$ 的评定

输入量 U_X 的标准不确定度主要是由被检互感器的分辨力、环境干扰等因素使电压示值测量不重复引起的。可用 A 类不确定度评定。

对 1 台 0.02 级电流互感器,在量限 5A/5A、20A/5A、100A/5A,100%U_e 时,连续测量 6 次,得到电流上升、下降比值差和相位差测量值的平均值见表 17.1(每次测量均重新接线)。

17.3.1.1　以量限 100A/5A 为例,进行以下计算,先取其平均值:

比差:$\overline{U} = (1/n) \sum U_{Xi} = -0.0132\%$;

相位差:$\overline{U} = (1/n) \sum U_{Xi} = -0.3345'$。

17.3.1.2　用贝塞尔公式求出试验标准差 $s(U_X)$:

比差:$s(U_X) = \sqrt{\sum (U_{xi} - \overline{U})^2/(n-1)} = 0.0004\%$;

相位差：$s(U_X) = \sqrt{\sum (U_{xi} - \overline{U})^2 / (n-1)} = 0.0028'$。

表 17.1　比值差和相位差测量值的平均值

误差	量限/A	测量次数						6 次测量平均值	S_i
		1	2	3	4	5	6		
比值差/%	5/5	-0.0088	-0.0098	-0.0102	-0.0095	-0.0098	-0.0103	-0.0097	0.0005
	20/5	-0.0023	-0.0023	-0.0023	-0.0080	-0.0075	-0.0084	-0.0051	0.0031
	100/5	-0.0126	-0.0135	-0.0131	-0.0131	-0.0137	-0.0130	-0.0132	0.0004
相位差 (′)	5/5	0.0141	0.2506	0.1924	0.0124	0.2303	0.1524	0.1420	0.1053
	20/5	0.0135	-0.0051	-0.0148	0.0068	-0.0046	-0.0128	-0.0028	0.0111
	100/5	-0.3318	-0.3352	-0.3349	-0.3309	-0.3355	-0.3387	-0.3345	0.0028

17.3.1.3　以试验标准偏差 $s(U_X)$ 确定标准不确定度 $u(U_X)$：

比差：$u(U_X) = s(U_X)/\sqrt{6} = 0.00016\%$；

相位差：$u(U_X) = s(U_X)/\sqrt{6} = 0.0011'$。

17.3.2　标准不确定度分项 $u(U_N)$ 的评定

输入量 U_N 的标准不确定度 $u(U_N)$ 主要是由标准源的示值误差引起的测量不确定度，可用 B 类不确定度评定，该不确定度分量主要是由本标准电流互感器误差引起的，本装置比值差最大允许误差 $e = \pm0.05\%$，其半宽 $a = 0.05\%$；相位差限值 $e = \pm2'$，其半宽 $a = 2'$，在此区间内可认为服从均匀分布，包含因子 $k = \sqrt{3}$，

比差：$u(U_N) = a/\sqrt{3} = 0.05\%/\sqrt{3} = 0.0289\%$；

相位差：$u(U_N) = a/\sqrt{3} = 2'/\sqrt{3} = 1.2'$。

17.4　合成标准不确定度评定

17.4.1　灵敏系数

测量模型见式(17-2)：　　　　　$\Delta = U_X - U_N$　　　　　　(17-2)

灵敏系数见式(17-3)、式(17-4)：　$c_X = 1$　　　　　　　(17-3)

　　　　　　　　　　　　　　　$c_N = -1$　　　　　　　(17-4)

17.4.2　标准不确定度汇总表见表 17.2：

表 17.2 标准不确定度汇总表

输入量	不确定度来源	标准不确定度	灵敏系数
U_X	测量重复性	$u(U_X)$	1
U_N	标准装置	$u(U_N)$	-1

17.4.3 合成标准不确定度的估算

输入量 U_X 和 U_N 相互独立,因此合成标准不确定度可按下列公式得到:

比差:$u_c(\Delta) = \sqrt{[c_X u(U_X)]^2 + [c_N u(U_N)]^2} = 0.028\ 9\%$;

相位差:$u_c(\Delta) = \sqrt{[c_X u(U_X)]^2 + [c_N u(U_N)]^2} = 1.2'$。

17.5 扩展不确定度的评定

通常取包含因子 $k = 2$,100A/5A 扩展不确定度 U 的表达式:

比差:$U = ku_c(\Delta) = 2 \times 0.028\ 9\% = 0.058\%$ ($k = 2$);

相位差:$U = ku_c(\Delta) = 2 \times 1.2' = 2.4'$ ($k = 2$)。

同理,用相同方法可以得出 5A/5A 扩展不确定度 U 的表达式为:

比差:$U = ku_c(\Delta) = 2 \times 0.028\ 9\% = 0.058\%$ ($k = 2$);

相位差:$U = ku_c(\Delta) = 2 \times 1.2' = 2.4'$ ($k = 2$)。

同理,用相同方法可以得出 20A/5A 扩展不确定度 U 的表达式为:

比差:$U = ku_c(\Delta) = 2 \times 0.029\% = 0.058\%$ ($k = 2$);

相位差:$U = ku_c(\Delta) = 2 \times 1.2' = 2.4'$ ($k = 2$)。

17.6 测量不确定度的报告

0.02 级电流互感器 5A/5A 比值差测量结果的扩展不确定度为:$U = 0.058\%$ ($k = 2$);

0.02 级电流互感器 5A/5A 相位差测量结果的扩展不确定度为:$U = 2.4'$ ($k = 2$);

0.02 级电流互感器 20A/5A 比值差测量结果的扩展不确定度为:$U = 0.058\%$ ($k = 2$);

0.02 级电流互感器 20A/5A 相位差测量结果的扩展不确定度为:$U = 2.4'$ ($k = 2$);

0.02 级电流互感器 100A/5A 比值差测量结果的扩展不确定度为:$U = 0.058\%$ ($k = 2$);

0.02 级电流互感器 100A/5A 相位差测量结果的扩展不确定度为:$U = 2.4'$ ($k = 2$)。

第十八章

巴彦淖尔电业局电流互感器量值不确定度评定实例

互感器校准记录

送校单位:电科院比对　　　型号规格:HEWJ-0.3A　　　仪器编号:101097
生产厂家:宁波三维电测设备有限公司　环境温度(℃):27.5　　相对湿度(%):48.0

误差	额定电流/A	状态	测量次数						6次测量平均值	备注
			1	2	3	4	5	6		
比值差/%	5	上升	-0.008	-0.008	-0.008	-0.006	-0.006	-0.006	-0.006	
		下降	-0.004	-0.006	-0.006	-0.004	-0.004	-0.004		
		变差	0.004	0.002	0.002	0.002	0.002	0.002	最大变差:0.004	
	20	上升	+0.004	+0.002	+0.002	+0.002	+0.002	+0.002	+0.002	
		下降	+0.000	+0.000	+0.000	+0.000	+0.000	+0.000		
		变差	0.004	0.002	0.002	0.002	0.002	0.002	最大变差:+0.004	
	100	上升	-0.008	-0.008	-0.008	-0.008	-0.008	-0.008	-0.006	
		下降	-0.004	-0.006	-0.006	-0.006	-0.006	-0.006		
		变差	0.004	0.002	0.002	0.002	0.002	0.002	最大变差:+0.004	
相位差(′)	5	上升	-0.40	-0.40	-0.40	-0.40	-0.40	-0.40	-0.40	
		下降	-0.00	-0.20	-0.20	-0.20	-0.20	-0.20		
		变差	0.20	0.20	0.20	0.20	0.20	0.20	最大变差:0.40	
	20	上升	-0.05	-0.05	-0.05	-0.05	-0.05	-0.05	-0.05	
		下降	-0.00	-0.00	-0.00	-0.00	-0.00	-0.00		
		变差	0.05	0.05	0.05	0.05	0.05	0.05	最大变差:0.05	
	100	上升	-0.50	-0.50	0.50	-0.50	0.50	-0.50	-0.50	
		下降	-0.45	-0.45	-0.45	-0.45	-0.45	-0.45		
		变差	0.05	0.05	0.05	0.05	0.05	0.05	最大变差:0.05	

校准日期:2017-7-17　　　校准员:杨帆　杨耀天　　　　核验员:杨帆
设备名称:电流互感器　　　设备编号:160502

巴彦淖尔电业局计量比对试验结果报告

单位名称	巴彦淖尔电业局电能计量中心
试验日期	2017 年 7 月 17 日至 2017 年 7 月 17 日
传递标准编号	160502

量限/A	误差	额定电流/A	6 次读数的平均值	化整值	合成标准不确定度	扩展测量不确定度($k=2$)
5/5	比值差/%	100	− 0.006 86	− 0.006	0.028 9	0.06
	相位差(′)	100	− 0.403 4	− 0.40	1.15	2.3
20/5	比值差/%	100	+ 0.001 7	+ 0.002	0.028 9	0.06
	相位差(′)	100	− 0.058 5	− 0.05	0.073	0.015
100/5	比值差/%	100	− 0.006 2	− 0.006	0.028 9	0.06
	相位差(′)	100	− 0.498 2	− 0.50	1.15	2.3

单位名称(盖章):巴彦淖尔电业局电能计量中心

日期:2017 年 7 月 17 日

测量结果的不确定度评定（比值差）

18.1 概述

18.1.1 测量依据：JJG 313—2010《测量用电流互感器》。

18.1.2 环境条件：温度（10 ~ 35）℃；相对湿度≤80%。

18.1.3 测量标准：电流互感器等级 0.05S 级，量程（1 ~ 3000）A/5A。

18.1.4 被检定对象：标准电流互感器型号 HLS，编号 160502，准确度等级 0.02S 级，量程（5 ~ 2000）A。

18.1.5 测量过程：将标准电流互感器与传递标准在相同的额定变比的条件下，采用比较法进行测量，将在互感器校验仪测得的电流上升、下降的两次比值差读数地算术平均值作为传递标准在该额定变比时的比值差。

18.1.6 评定结果的使用，符合上述条件的测量结果，一般可直接使用本不确定度的评定方法。变比为 5/5、20/5、100/5、额定电流在 100% 时的比值差测量结果的不确定度可直接使用本不确定度的评定结果。

18.2 数学模型

数学模型见式（18 - 1）：

$$f_x = f_p \qquad (18 - 1)$$

式中 f_x——传递标准比差；

f_p——互感器校验仪测得的电流上升、下降比差的算术平均值。

18.3 输入量的标准不确定度的评定

输入量 f_p 的标准不确定度 $U(f_p)$ 的来源主要有两方面。

$U(f_{p1})$——在重复性条件下由对传递标准测量不重复引起的不确定度分项采取 A 类评定方法。

$U(f_{p2})$——标准电流互感器误差引起的不确定度分项，采用 B 类的评定方法。

18.3.1 标准不确定度 $U(f_{p1})$ 的评定

该不确定度分项主要是由于传递标准的测量不重复引起的，即：$u(\gamma_{Wo1}) = s(y_i)$，可以通过连续测量得到测量列，采用 A 类方法进行评定。对一台 0.02S 级的传递标准在变比为 5/5、20/5、100/5、额定电流在 100% 时各连续测量 6 次上升、6 次下降的比值差，测量结果依据贝塞尔公式计算出各负荷点的标准偏差，见式（18 - 2）。

$$s(y_i) = \sqrt{\frac{\sum_{i=1}^{n}(y_i - \bar{y})}{n-1}} \qquad (18-2)$$

由于 $u(\gamma_{Wo1}) = s(y_i)$，故传递标准在各负荷点的标准偏差 $s(y_i)$ 及标准不确定度 $u(\gamma_{Wo1})$ 如表 18.1。

表 18.1　各负荷点的标准偏差 $s(y_i)$ 及标准不确定度 $u(\gamma_{Wo1})$

| 误差 | 额定电流/A | 测量次数 | | | | | | 平均值 /% | $s(y_i)$ /% | $u(\gamma_{Wo1})$ /% |
		1	2	3	4	5	6			
比值差 /%	5	-0.006 8	-0.006 8	-0.006 9	-0.006 9	-0.006 9	-0.006 9	-0.006 8	0.000 1	0.000 1
		-0.006 6	-0.006 6	-0.006 7	-0.006 7	-0.006 7	-0.006 7			
	20	+0.001 7	+0.001 7	+0.001 7	+0.001 7	+0.001 7	+0.001 7	+0.001 7	0.000	0.000
		+0.001 6	+0.001 6	+0.001 6	+0.001 6	+0.001 6	+0.001 6			
	100	-0.008 1	-0.008 2	-0.008 2	-0.008 3	-0.008 3	-0.008 3	-0.008 2	0.000	0.000
		-0.008 0	-0.008 1	-0.008 1	-0.008 2	-0.008 1	-0.008 2			

18.3.2　标准不确定度 $\mu(f_{p2})$ 的评定

该不确定度分项是由标准电流互感器的误差引起，根据上级检定证书可得到标准电流互感器的比差的最大允许误差为 $\pm 0.05\%$ ，其半宽 $a = 0.05\%$ 在此区间内可认为服从均匀分布，包含因子 $k = \sqrt{3}$ ，见式(18-3)：

$$\mu(f_{p2}) = 0.05\% / \sqrt{3} = 0.028\ 9\% \qquad (18-3)$$

18.3.3　标准不确定度 $\mu(f_p)$ 的计算

不确定度 $\mu(f_p)$ 见式(18-4)：

$$\mu(f_p) = \sqrt{\mu^2(f_{p1}) + \mu^2(f_{p2})} \qquad (18-4)$$

18.4　各额定变比下的合成标准不确定度评定

18.4.1　各额定变比下的合成标准不确定度 $\mu(f_p)$ 的估算

名额定变比下的合成标准不确定度 $\mu(f_p)$ 见式(18-5)：

$$\mu c(f_x) = |c| \times \mu(f_p) = 0.028\ 9\% \qquad (18-5)$$

18.4.2　各额定变比下的扩展不确定度 $U(f_p)$ 的估算

由于估计被测量接近于正态分布，且其有效自由度足够大，故所给扩展不确定度对应的包含概率约为 $p = 95\%$ ，包含因子 $k_p = 2$ 。

扩展不确定度为 $U_{95} = k_p x u(r_i) = 2 \times \mu c(f_x) = 0.06\%$ ，即各额定变比下的比值差的扩展不确定度均为 0.06% 。

表 18.2 各额定变比下的合成标准不确定度 $u(\gamma_{Wo})$

误 差	额定电流/A	标准不确定度/% $u(\gamma_{Wo1})$	标准不确定度/% $u(\gamma_{Wo2})$	合成标准不确定度/% $u(r_i)$
比值差/%	5	0.000 1	0.028 9	0.028 9
	20	0.000	0.028 9	0.028 9
	100	0.000	0.028 9	0.028 9

表 18.3 各额定变比下的扩展不确定度 $U(f_p)$

误 差	额定电流/A	合成标准不确定度/% $u(r_i)$	扩展不确定度/% $U(f_p)$
比值差/%	5	0.028 9	0.06
	20	0.028 9	0.06
	100	0.028 9	0.06

测量结果的不确定度评定(相位差)

18.5 概述

18.5.1 测量依据:JJG 313—2010《测量用电流互感器》。

18.5.2 环境条件:温度(10~35)℃;相对湿度≤80%。

18.5.3 测量标准:电流互感器等级 0.05S 级,量程(1~3000)A/5A。

18.5.4 被检定对象:标准电流互感器型号 HLS,编号 160502,准确度等级 0.02S 级,量程(5~2000)A。

18.5.5 测量过程:将标准电流互感器与传递标准在相同的额定变比的条件下,采用电流互感器在该额定变比时的相位差。

18.5.6 评定结果的使用,符合上述条件的测量结果,一般可直接使用本不确定度的评定方法。变比为 5/5、20/5、100/5、额定电流在 100% 时的比值差测量结果的不确定度可直接使用本不确定度的评定结果。

18.6 数学模型

数学模型见式(18-6):

$$\delta_x = \delta_p \qquad (18-6)$$

式中:δ_x——传递标准相位差;

δ_p——互感器校验仪测得相位差。

18.7 输入量的标准不确定度的评定

输入量 δ_p 的标准不确定度 $U(\delta_p)$ 的来源主要有两方面。

$U(\delta_{p1})$——在重复性条件下由对传递标准测量不重复引起的不确定度分项采取 A 类评定方法。

$U(\delta_{p2})$——标准电流互感器误差引起的不确定度分项,采用 B 类的评定方法。

18.7.1 标准不确定度 $U(\delta_{p1})$ 的评定

该不确定度分项主要是由于传递标准的测量不重复引起的,即:$u(\gamma_{Wo1}) = s(y_i)$,可以通过连续测量得到测量列,采用 A 类方法进行评定。对一台 0.02S 级的传递标准在变比为 5/5、20/5、100/5、额定电流在 100%;各连续测量 6 次上升、6 次下降的相位差,测量结果依据贝塞尔公式计算出各负荷点的标准偏差,见式(18-7)。

$$s(y_i) = \sqrt{\frac{\sum\limits_{i=1}^{n}(y-\bar{y})}{n-1}} \qquad (18-7)$$

由于 $u(\delta_{p1}) = s(y_i)$,故传递标准在各负荷点的标准偏差 $s(y_i)$ 及标准不确定度的 $u(\gamma_{Wo1})$ 如表 18.4 所示。

表 18.4　传递标准在各负荷点的标准偏差 $s(y_i)$ 及标准不确定度的 $u(\gamma_{Wo1})$

误差	额定电流/A	测量次数						均值	$S(y_i)$ /%	$u(\gamma_{Woi})$ /%
		1	2	3	4	5	6			
相位差（′）	5	− 0.400 2	− 0.401 2	− 0.401 1	− 0.403 5	− 0.405 4	− 0.405 4	− 0.402 7	0.002	0.002
		− 0.400 1	− 0.401 1	− 0.401 0	− 0.403 4	− 0.405 2	− 0.405 2			
	20	− 0.067 3	− 0.058 3	− 0.056 6	− 0.055 9	− 0.057 4	− 0.055 5	− 0.058 4	0.004	0.004
		− 0.067 1	− 0.058 1	− 0.056 4	− 0.055 7	− 0.057 3	− 0.055 3			
	100	− 0.500 6	− 0.498 8	− 0.500 0	− 0.498 2	− 0.495 3	− 0.496 4	− 0.498 2	0.002	0.002
		− 0.500 4	− 0.498 7	− 0.499 9	− 0.498 1	− 0.495 2	− 0.496 2			

18.7.2　标准不确定度 $\mu(\delta_{p2})$ 的评定

该不确定度分项是由标准电流互感器的误差引起,根据上级检定证书可得到标准电流互感器的相位差的最大允许误差为 ±2′其半宽 $a = 2'$ 在此区间内可认为服从矩形分布,包含因子 $k = \sqrt{3}$,见式(18 −8):

$$\mu(\delta_{p2)} = 2/\sqrt{3} = 1.15' \tag{18 − 8}$$

18.7.3　标准不确定度 $\mu(\delta_p)$ 的计算

标准不确定度 $\mu(\delta_p)$ 的计算见式(18 − 9):

$$\mu(\delta_p) = \sqrt{\mu^2(\delta_{p1}) + \mu^2(\delta_{p2})} \tag{18 − 9}$$

18.8　合成标准不确定度评定

18.8.1　合成标准不确定度 $\mu(\delta_p)$ 的估算

$$\mu(\delta_x) = |c| \times \mu(\delta_p) \tag{18 − 10}$$

18.8.2　扩展不确定度 $U(\delta_p)$ 的估算(见表 18.5)

由于估计被测量接近于正态分布,且其有效自由度足够大,故所给扩展不确定度对应的包含概率约为 $p = 95\%$,(包含因子 $k_p = 2$)。

表 18.5　各额定变比下的合成标准不确定度 $u(\gamma_{Wo})$ 及扩展不确定度 $U(\delta_p)$

误差	额定电流/A	标准不确定度 $u(\delta_{p1})'$	标准不确定度 $\mu(\delta_{p2})'$	合成标准不确定度 $\mu(\delta_p)'$	扩展不确定度 $U(\delta_p)'$
相位差（′）	5	0.002	1.15	1.15	2.3
	20	0.004	0.073	0.073	0.015
	100	0.002	1.15	1.15	2.3

各额定变比下的相位差的扩展不确定度为：

额定电流为 5A/5A 时，$U_{95} = k_{p}\mu(\delta_{x}) = 2 \times 1.15 = 2.25'$；

额定电流为 20A/5A 时，$U_{95} = k_{p}\mu(\delta_{x}) = 2 \times 0.073 = 0.15'$；

额定电流为 100A/5A 时，$U_{95} = k_{p}\mu(\delta_{x}) = 2 \times 1.15 = 2.25'$。

第十九章

乌海电业局电流互感器量值不确定度评定实例

互感器校准记录

送校单位:主导试验室　　　　型号规格:HLS－30　　　　仪器编号:160502
生产厂家:北京普华瑞迪科技有限公司　　环境温度(℃):26.7　　相对湿度(%):53.4

| 误差 | 额定电流/A | 状态 | 测量次数 | | | | | | 6次测量平均值 | 备注 |
			1	2	3	4	5	6		
比值差/%	5	上升	－0.002 9	－0.003 0	－0.003 0	－0.002 8	－0.003 0	－0.002 9	－0.002 9	
		下降	－0.003 0	－0.003 0	－0.003 0	－0.002 8	－0.003 0	－0.002 8		
		变差	0.000 1	0.000 0	0.000 0	0.000 0	0.000 0	0.000 1	最大变差:0.000 1	
	20	上升	－0.002 9	－0.002 9	－0.003 0	－0.003 0	－0.003 1	－0.003 0	0.003 0	
		下降	－0.002 9	－0.002 8	－0.003 0	－0.003 0	－0.003 0	0.003 0		
		变差	0.000 0	0.000 1	0.000 0	0.000 0	0.000 1	0.000 0	最大变差:0.000 1	
	100	上升	－0.008 8	－0.008 5	－0.009 1	－0.009 3	－0.008 9	－0.008 9	－0.009 0	
		下降	－0.009 2	－0.008 6	－0.009 4	－0.009 3	－0.008 7	－0.009 5		
		变差	0.000 4	0.000 1	0.000 3	0.000 0	0.000 2	0.000 6	最大变差:0.000 6	
相位差(′)	5	上升	－0.030 2	－0.301	－0.303	－0.259	－0.268	－0.313	－0.298 9	
		下降	－0.030 4	－0.312	－0.306	－0.303	－0.305	－0.310		
		变差	0.002	0.011	0.003	0.044	0.037	0.003	最大变差:0.044	
	20	上升	0.027	0.020	0.014	0.016	0.015	0.015	0.017 3	
		下降	0.021	0.020	0.015	0.015	0.016	0.014		
		变差	0.006	0.000	0.001	0.001	0.001	0.001	最大变差:0.006	
	100	上升	－0.400	－0.384	－0.413	－0.446	－0.451	－0.430	－0.420 0	
		下降	－0.407	－0.423	－0.351	－0.447	－0.449	－0.438		
		变差	0.007	0.039	0.062	0.001	0.002	0.008	最大变差:0.062	

校准日期:2017－7－25　　　　校准员:贾得玉　　李龙　　　　核验员:贾得玉

设备名称:自升压标准电流互感器　　设备编号:140544

乌海电业局计量比对试验结果报告

单位名称	乌海电业局计量中心
试验日期	2017 年 7 月 25 日 至 2017 年 7 月 25 日
传递标准编号	160502

量限/A	误差	额定电流/A	6 次读数的平均值	化整值	合成标准不确定度	扩展测量不确定度（ $k=2$ ）
5/5	比值差/%	100	− 0.002 933	− 0.002	0.011 5	0.023
	相位差（′）	100	− 0.298 85	− 0.30	0.347	0.69
20/5	比值差/%	100	− 0.002 966 5	− 0.002	0.011 5	0.023
	相位差（′）	100	0.017 3	0.00	0.346	0.69
100/5	比值差/%	100	− 0.009 017	− 0.010	0.011 5	0.023
	相位差（′）	100	− 0.419 95	− 0.40	0.347	0.69

单位名称（盖章）:乌海电业局计量中心

日期:2017 年 7 月 25 日

测量结果的不确定度评定

19.1 概述

19.1.1 测量依据:JJG 313—2010《测量用电流互感器》。

19.1.2 环境条件:温度 26.7℃;湿度 53.4% RH。

19.1.3 测量标准:标准电流互感器;编号:140544;准确度等级 0.02S 级;测量范围(5～3000)A/5A/1A;厂家:河北海纳有限责任公司。

19.1.4 被检对象:被检电流互感器;编号:160502;型号:HLS-30;测量范围:(5～2000)A/5A;准确度等级:0.02S 级;厂家:北京普华瑞迪科技有限公司。

19.1.5 测量方法:将标准电流互感器与被检电流互感器在相同的额定变比的条件下,采用比较法进行测量,将在互感器校验仪测得的电流上升、下降的两次比值差读数地算术平均值作为被测电流互感器在该额定变比时的比值差。

19.2 建立数学模型

数学模型见式(19-1):

$$f_x = f_p \tag{19-1}$$

式中 f_x——被检电流互感器比值差;

f_p——互感器校验仪测得的电流上升、下降比值差的算术平均值。

19.3 输入量的标准不确定度的评定

输入量 f_p 的标准不确定度 $u(f_p)$ 的来源主要有两方面:

$u(f_{p1})$——在重复性条件下由对被检电流互感器测量不重复引起的不确定度分项采取 A 类评定方法。

$u(f_{p2})$——标准电流互感器误差引起的不确定度分项,采用 B 类的评定方法。

19.3.1 标准不确定度 $u(f_{p1})$ 的评定

该不确定度分项主要由于被测电流互感器的测量不重复性引起的,可以通过连续测量得到测量列,采用 A 类方法评定。

对 0.02S 级电流互感器,分别在 5A/5A 档、20A/5A 档、100A/5A 档,额定功率因数,额定电流 100% 时,各连续测量 6 次($n=6$),得到电流上升、下降比值差的算术平均值的 2 组($m=2$)测量值如表 19.1 所示。

表 19.1　比值差的算术平均值

比对试验点	评定事项		
	测量结果算术平均值/%：$\bar{x}$	标准偏差/%：$s(x_i) = \sqrt{\dfrac{\sum_{i=1}^{n}(x_i - \bar{x})^2}{n-1}}$	A 类标准不确定度/%：$u(\gamma_{Wo1}) = \bar{s}(x_i) = \dfrac{s(x_i)}{\sqrt{m}}$
5A/5A　100%　比值差	−0.002	0.000 081 6	0.000 057 7
5A/5A　100%　相位差	−0.30	0.021 9	0.015 5
20A/5A　100%　比值差	−0.002	0.000 075 3	0.000 053 2
20A/5A　100%　相位差	0.00	0.004 9	0.003 5
100A/5A　100%　比值差	−0.010	0.000 271 4	0.000 191 9
100A/5A　100%　相位差	−0.40	0.026 4	0.018 7
说明：测量结果由 2 次测量的平均值得到，$m = 2$			

19.3.2　B 类标准不确定度 $u(\gamma_{Wo2})$ 的评定

该不确定度分量主要是互感器检定装置的不确定度引起的，假设为矩形分布。B 类评定时的标准不确定度分量由式（19 − 2）决定：

$$u(\gamma_{Wo2}) = \frac{a}{k} \tag{19-2}$$

式中　a——互感器检定装置最大允许误差的半宽；

　　　k——矩形分布时的包含因子（$k = \sqrt{3}$）。

所以：比值差：$u(\gamma_{Wo2}) = a/k = 0.02\%/\sqrt{3} = 0.0115\%$；

相位差：$u(\gamma_{Wo2}) = a/k = 0.6/\sqrt{3} = 0.346$。

19.4　合成标准不确定度 $u(\gamma_{Wo})$

19.4.1　计算如表 19.2。

表 19.2　合成标准不确定度计算表

量程	功率因数	合成不确定度/%　$u(\gamma_{Wo}) = \sqrt{u(\gamma_{Wo1})^2 + u(\gamma_{Wo2})^2}$
5A/5A　100%	比值差	0.011 5
	相位差	0.347
20A/5A　100%	比值差	0.011 5
	相位差	0.346
100A/5A　100%	比值差	0.011 5
	相位差	0.347

19.4.2 灵敏系数

数学模型见式(19-3)：
$$\gamma_H = \gamma_{W_o} \tag{19-3}$$

灵敏系数见式(19-4)：
$$c = 1 \tag{19-4}$$

19.4.3 合成不确定度汇总表见表19.3、表19.4：

表19.3 比值差合成不确定度汇总表

标准不确定度分量	不确定度来源	c	$u(\gamma_{W_o})$	$\lvert c \rvert u(\gamma_{W_o})$
$u(\gamma_{W_o})$		1	0.011 5	0.011 5
$u(\gamma_{W_{o1}})$	测量重复性引起检定装置引起的		见表19.2	
$u(\gamma_{W_{o2}})$			0.011 5	

表19.4 相位差合成不确定度汇总表

标准不确定度分量	不确定度来源	c	$u(\gamma_{W_o})$	$\lvert c \rvert u(\gamma_{W_o})$
$u(\gamma_{W_o})$		1	0.347	0.347
$u(\gamma_{W_{o1}})$	测量重复性引起		见表19.2	
$u(\gamma_{W_{o2}})$	检定装置引起的		0.346	

19.4.4 合成标准不确定度 $u(\gamma_{W_o})$ 的估算

合成标准不确定度 $u(\gamma_{W_o})$ 见式(19-5)：
$$u_c^2(\gamma_H) = c^2 u(\gamma_{W_o})^2 \tag{19-5}$$

比值差：$u_c(\gamma_H) = \lvert c \rvert u(\gamma_{W_o}) = 0.011\,5\%$

相位差：$u_c(\gamma_H) = \lvert c \rvert u(\gamma_{W_o}) = 0.347$

19.5 扩展不确定度的评定

根据《2017年互感器量值比对实施方案》中确定，$k=2$

比值差：$U = k u_c = 2 \times 0.0115 \approx 0.023$

相位差：$U = k u_c = 2 \times 0.347 \approx 0.69$

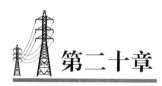

第二十章

阿拉善电业局电流互感器量值不确定度评定实例

互感器校准记录

送校单位：阿拉善电业局电能计量中心　　型号规格：HLS－30　（5～3000）A　　仪器编号：160502
生产厂家：北京普华瑞迪科技有限公司　　环境温度（℃）：21.5　　相对湿度（%）:45

| 误差 | 额定电流/A | 状态 | 测量次数 | | | | | | 6次测量平均值 | 备注 |
			1	2	3	4	5	6		
比值差/%	5	上升	− 0.006 4	− 0.006 4	− 0.006 3	− 0.006 3	− 0.006 3	− 0.006 3	0.006 33	
		下降	− 0.006 2	− 0.006 3	− 0.006 3	− 0.006 3	− 0.006 2	− 0.006 2		
		变差	0.000 2	0.000 1	0.000	0.000	0.000 1	0.000 1	最大变差：0.000 2	
	20	上升	− 0.000 7	− 0.000 7	− 0.000 7	− 0.000 7	− 0.000 7	− 0.000 6	− 0.000 68	
		下降	− 0.000 7	− 0.000 8	− 0.000 7	− 0.000 7	− 0.000 7	− 0.000 8		
		变差	0.000 0	0.000 1	0.000 0	0.000 0	0.000 0	0.000 02	最大变差：0.000 2	
	100	上升	− 0.006 6	− 0.006 6	− 0.006 7	− 0.006 7	− 0.006 7	− 0.006 8	− 0.006 68	
		下降	− 0.006 6	− 0.006 6	− 0.006 6	− 0.006 6	− 0.006 7	− 0.006 7		
		变差	0.00	0.00	0.000 1	0.000 1	0.00	0.000 1	最大变差：0.000 1	
相位差（′）	5	上升	− 0.482 8	− 0.484 1	− 0.484 1	− 0.483 9	− 0.482 3	− 0.482 5	− 0.483 28	
		下降	− 0.487 1	− 0.486 5	− 0.484 9	− 0.484 6	− 0.485 4	− 0.486 5		
		变差	0.004 3	0.002 4	0.000 8	0.000 7	0.003 1	0.000 4	最大变差：0.004 3	
	20	上升	0.009 6	0.010 2	0.010 6	0.010 3	0.009 9	0.009 2	0.000 10	
		下降	0.002 0	0.002 0	0.001 4	0.001 0	− 0.000 4	− 0.005 4		
		变差	0.007 6	0.008 2	0.009 2	0.009 3	0.010 3	0.014 6	最大变差：0.014 6	
	100	上升	− 0.552 6	− 0.554 0	− 0.554 7	− 0.554 7	− 0.555 9	− 0.563 2	− 0.555 85	
		下降	− 0.552 2	− 0.552 4	0.552 4	− 0.551 9	− 0.552 7	− 0.552 1		
		变差	0.000 4	0.001 6	0.002 3	0.002 8	− 0.000 2	− 0.011 1	最大变差：0.011 1	

校准日期：2017－7－25　　　　　校准员：　　　　　　　　核验员：
设备名称：标准电流互感器　　　设备编号：1008211

阿拉善电业局计量比对试验结果报告

单位名称	阿拉善电业局计量中心互感器实验室
试验日期	2017 年 7 月 26 日至 2017 年 7 月 26 日
传递标准编号	160502

量限/A	误差	额定电流/A	6 次读数的平均值	化整值	合成标准不确定度	扩展测量不确定度 ($k=2$)
5/5	比值差/%	100	− 0. 006 33	− 0. 006	0. 016 7	0. 033 4
	相位差(′)	100	− 0. 483 28	− 0. 50	0. 667	1. 334
20/5	比值差/%	100	− 0. 000 68	0. 000	0. 016 7	0. 033 4
	相位差(′)	100	0. 000 10	0. 00	0. 667	1. 334
100/5	比值差/%	100	− 0. 006 68	− 0. 006	0. 016 7	0. 033 4
	相位差(′)	100	− 0. 555 85	− 0. 55	0. 667	1. 334

单位名称(盖章):阿拉善电业局电能计量中心

日期:2017 年 7 月 26 日

测量结果的不确定度评定

20.1　概述

20.1.1　测量依据:JJG 313—2010《测量用电流互感器》。

20.1.2　环境条件:温度(+10 ～ +35)℃,相对湿度≤80% 。

20.1.3　测量标准:电流互感器,准确度 0.05S 级,量程为一次电流(1 ～ 3000)A,二次电流 5A。

20.1.4　被测对象:电流互感器,准确度级别 0.02S 级,量程一次电流(5 ～ 2000)A,二次电流 5A。

20.1.5　测量过程:将标准电流互感器与被测电流互感器在相同的额定变比的条件下,采用比较法进行测量,将在互感器校验仪的电流上升、下降的两次比值读数的算数平均值作为被测电流互感器在该额定变比时的比值差和相位差。

20.1.6　评定结果的使用:符合上述条件的测量,一般可直接使用本不确定度的评定方法。

20.2　数学模型

数学模型见式(20 – 1):

$$f_x = f_p \qquad \delta_x = \delta_p \qquad\qquad (20 - 1)$$

式中　f_x——被检电流互感器的比值差;

　　　f_p——互感器校验仪上所得的电流上升、下降的比值差的算数平均值;

　　　δ_x——被检电流互感器的相位差;

　　　δ_p——互感器校验仪上所得的电流上升、下降的相位差的算数平均值。

20.3　输入量的标准不确定度的评定

输入量 f_p、δ_p 的标准不确定度 u 的来源主要有两个方面:在重复性条件下由测量重复性导致的测量结果引起的不确定度分项 u_A,采用 A 类评定方法;互感器检定装置的准确度引入的不确定度分项 u_B,采用 B 类评定方法。

20.3.1　重复性测量引入的不确定度 u_A 的评定

对型号 HLS – 30 标准电流互感器分别在电流比 5/5、额定电流 100% 点测量比值差和相位差;电流比 20/5、额定电流 100% 点测量比值差和相位差;电流比 100/5、额定电流100% 点测量比值差和相位差;以上 3 个点分别连续独立测量 6 次,获得一组测量值如表

20.1 所示。

测量值的标准偏差 s、u_A 的计算方法见式(20-2)、式(20-3):

由于 $\bar{x} = \dfrac{1}{n}\sum_{i=1}^{10} x_i$,测量值的标准偏差

$$s = \sqrt{\frac{\sum_{i=1}^{10}(x_i - \bar{x})^2}{n-1}} \qquad (20-2)$$

$$u_A = \frac{s}{\sqrt{6}} \qquad (20-3)$$

表 20.1　被检互感器的相对误差

量限/A	额定电流/A	误差	测量次数						s	u_A
			1	2	3	4	5	6		
5/5	100	比值差/%	-0.006 4	-0.006 4	-0.006 3	-0.006 3	-0.006 3	-0.006 3	0.000 05	0.000 02
	100	相位差(′)	-0.482 8	-0.484 1	-0.484 1	-0.483 9	-0.482 3	-0.482 5	0.000 84	0.000 34
20/5	100	比值差/%	-0.000 7	-0.000 7	-0.000 7	-0.000 7	-0.000 7	-0.000 6	0.000 04	0.000 02
	100	相位差(′)	0.002 0	0.002 0	0.001 4	0.001 0	-0.000 4	-0.005 4	0.001 76	0.000 72
100/5	100	比值差/%	-0.006 6	-0.006 6	-0.006 7	-0.006 7	-0.006 7	-0.006 8	0.000 08	0.000 03
	100	相位差(′)	-0.552 6	-0.554 0	-0.554 7	-0.554 7	-0.555 9	-0.563 2	0.003 76	0.001 54

20.3.2　互感器检定装置的准确度引入的不确定度 u_B

互感器检定装置的准确度为 0.05 级,经上级检定合格,查说明书,在额定电压、负载电流下,其比值差的最大误差不超过 ±0.05%,相位差的最大误差不超过 ±2′。按正态分布估计,半宽:$a_1 = 0.05\%$,$a_2 = 2'$,包含因子取 $k = 3$,则标准不确定度见式(20-4)、式(20-5):

$$u_{B1} = a/k = 0.0167\%(\text{比值差的 B 类不确定度}) \qquad (20-4)$$

$$u_{B2} = a/k = 0.667'(\text{相位差的 B 类不确定度}) \qquad (20-5)$$

扩展不确定度一览表见表 20.2。

表 20.2　测量结果扩展不确定度一览表

检测点	额定电流/A	误差	A 类不确定度	B 类不确定度	合成标准不确定度 u_c	扩展不确定度 $U(k=2)$
5A/5A	100	比值差/%	0.000 02	0.016 7	0.016 7	0.033 4
	100	相位差(′)	0.000 34	0.667	0.667	1.334
20A/5A	100	比值差/%	0.000 02	0.016 7	0.016 7	0.033 4
	100	相位差(′)	0.000 72	0.667	0.667	1.334
100A/5A	100	比值差/%	0.000 03	0.016 7	0.016 7	0.033 4
	100	相位差(′)	0.001 54	0.667	0.667	1.334

20.4　测量结果不确定度的报告与表示

标准互感器在电流比 5/5、额定电流 100% 点测量时,测量结果的相对扩展不确定度分别为:

$$U_1 = 0.033\%, k = 2(比值差)$$
$$U_2 = 1.3', k = 2(相位差)$$

标准互感器在电流比 20/5、额定电流 100% 点测量时,测量结果的相对扩展不确定度分别为:

$$U_3 = 0.033\%, k = 2(比值差)$$
$$U_4 = 1.3', k = 2(相位差)$$

标准互感器在电流比 100/5、额定电流 100% 点测量时,测量结果的相对扩展不确定度分别为:

$$U_5 = 0.033\%, k = 2(比值差)$$
$$U_6 = 1.3', k = 2(相位差)$$

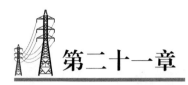

第二十一章

鄂尔多斯电业局电流互感器量值不确定度评定实例

互感器校准记录

送校单位:内蒙古电力科学研究院电能计量检测中心　　　型号规格:HLS-30　5/5　　　仪器编号:160502
生产厂家:北京普华瑞迪科技有限公司　　　　　　　　　环境温度(℃):22.5　　　相对湿度(%):66

误差	额定电流/A	状态	测量次数						6次测量平均值	备注
			1	2	3	4	5	6		
比值差/%	5	上升	-0.004 1	-0.003 8	-0.003 8	-0.003 8	-0.003 8	-0.003 8	-0.004 0	
		下降	-0.004 2	-0.004 0	-0.003 9	-0.004 1	-0.004 0	-0.004 1		
		变差	0.000 1	0.000 2	0.000 1	0.000 3	0.000 2	0.000 3	最大变差:0.000 3	
	20	上升	-0.005 8	-0.005 4	-0.005 5	-0.005 4	-0.005 4	-0.005 2	-0.005 5	
		下降	-0.005 7	-0.005 6	-0.005 5	-0.005 5	-0.005 5	-0.005 5		
		变差	0.000 1	0.000 2	0.000 0	0.000 1	0.000 1	0.000 3	最大变差:0.000 3	
	100	上升	-0.010 5	-0.010 3	-0.010 3	-0.010 1	-0.010 2	-0.010 1	-0.010 3	
		下降	-0.010 7	-0.010 5	-0.010 5	-0.010 3	-0.010 3	-0.010 2		
		变差	0.000 2	0.000 2	0.000 2	0.000 2	0.000 1	0.000 1	最大变差:0.000 2	
相位差(′)	5	上升	-0.061	-0.092	-0.095	-0.102	-0.101	-0.108	-0.088	
		下降	-0.068	-0.079	-0.096	-0.083	-0.082	-0.085		
		变差	0.007	0.013	0.001	0.019	0.019	0.023	最大变差:0.023	
	20	上升	-0.174	-0.156	-0.157	-0.164	-0.164	-0.170	-0.159	
		下降	-0.151	-0.150	-0.159	-0.152	-0.151	-0.156		
		变差	0.023	0.006	0.002	0.012	0.013	0.014	最大变差:0.023	
	100	上升	-0.629	-0.625	-0.609	-0.622	-0.614	-0.612	-0.610	
		下降	-0.605	-0.606	-0.606	-0.605	-0.593	-0.598		
		变差	0.024	0.019	0.003	0.017	0.021	0.014	最大变差:0.024	

校准日期:2017-7-28　　　　　　　　　校准员:冯云龙　　　　　　　　　核验员:汤强
设备名称:自升流精密电流互感器　　　　设备编号:160502

互感器校准记录

送校单位:内蒙古电力科学研究院电能计量检测中心　　型号规格:HLS-30　20/5　仪器编号:160502
生产厂家:北京普华瑞迪科技有限公司　　　　　　　　环境温度(℃):22.5　　相对湿度(%):66

| 误差 | 额定电流/A | 状态 | 测量次数 | | | | | | 6次测量平均值 | 备注 |
			1	2	3	4	5	6		
比值差/%	5	上升	-0.000 8	-0.000 8	-0.000 8	-0.000 8	-0.000 8	-0.000 8	-0.000 8	
		下降	-0.000 8	-0.000 8	-0.000 8	-0.000 8	-0.000 8	-0.000 8		
		变差	0.000 0	0.000 0	0.000 0	0.000 0	0.000 0	0.000 0	最大变差:0.000 0	
	20	上升	-0.000 9	-0.000 9	-0.000 9	-0.000 9	-0.000 9	-0.000 9	-0.000 9	
		下降	-0.000 9	-0.000 9	-0.000 9	-0.000 9	-0.000 9	-0.000 9		
		变差	0.000 0	0.000 0	0.000 0	0.000 0	0.000 0	0.000 0	最大变差:0.000 0	
	100	上升	-0.001 2	-0.001 2	-0.001 2	-0.001 2	-0.001 2	-0.001 1	-0.001 2	
		下降	-0.001 2	-0.001 2	-0.001 2	-0.001 2	-0.001 2	-0.001 2		
		变差	0.000 0	0.000 0	0.000 0	0.000 0	0.000 0	0.000 1	最大变差:0.000 1	
相位差(′)	5	上升	-0.153	-0.152	-0.155	-0.156	-0.155	-0.156	-0.152	
		下降	-0.149	-0.150	-0.149	-0.150	-0.151	-0.150		
		变差	0.004	0.002	0.006	0.006	0.004	0.006	最大变差:0.006	
	20	上升	-0.139	-0.140	-0.140	-0.141	-0.140	-0.141	-0.138	
		下降	-0.135	-0.136	-0.136	-0.137	-0.136	-0.137		
		变差	0.004	0.004	0.004	0.004	0.004	0.004	最大变差:0.004	
	100	上升	-0.100	-0.103	-0.104	-0.103	-0.104	-0.101	-0.104	
		下降	-0.097	-0.097	-0.099	-0.099	-0.101	-0.097		
		变差	0.003	0.006	0.005	0.004	0.003	0.004	最大变差:0.006	

校准日期:2017-7-28　　　　　　　　　校准员:冯云龙　　　　　　　　核验员:汤强
设备名称:自升流精密电流互感器　　　　设备编号:160502

互感器校准记录

送校单位:内蒙古电力科学研究院电能计量检测中心　　型号规格:HLS - 30　　100/5　　仪器编号:160502

生产厂家:北京普华瑞迪科技有限公司　　　　　　　　环境温度(℃):22.5　　　　相对湿度(%):66

误差	额定电流/A	状态	测量次数						6 次测量平均值	备注
			1	2	3	4	5	6		
比值差/%	5	上升	- 0.004 5	- 0.004 6	- 0.004 6	- 0.004 6	- 0.004 6	- 0.004 6	- 0.004 6	
		下降	- 0.004 7	- 0.004 7	- 0.004 7	- 0.004 7	- 0.004 7	- 0.004 7		
		变差	0.000 2	0.000 1	0.000 1	0.000 1	0.000 1	0.000 1	最大变差:0.000 2	
	20	上升	- 0.006 0	- 0.006 4	- 0.006 3	- 0.006 3	- 0.006 3	- 0.006 2	- 0.006 3	
		下降	- 0.006 4	- 0.006 3	- 0.006 3	- 0.006 3	- 0.006 3	- 0.006 3		
		变差	0.000 4	0.000 1	0.000 0	0.000 0	0.000 0	0.000 1	最大变差:0.004	
	100	上升	- 0.010 8	- 0.010 8	- 0.010 8	- 0.010 8	- 0.010 8	- 0.010 8	- 0.010 8	
		下降	- 0.011 0	- 0.010 9	- 0.010 9	- 0.010 9	- 0.010 9	- 0.010 9		
		变差	0.000 2	0.000 1	0.000 1	0.000 1	0.000 1	0.000 1	最大变差:0.000 2	
相位差(′)	5	上升	- 0.093	- 0.093	- 0.097	- 0.097	- 0.097	- 0.098	- 0.091	
		下降	- 0.085	- 0.085	- 0.087	- 0.086	- 0.087	- 0.087		
		变差	0.008	0.008	0.01	0.011	0.01	0.011	最大变差:0.011	
	20	上升	- 0.157	- 0.159	- 0.162	- 0.165	- 0.164	- 0.155	- 0.154	
		下降	- 0.150	- 0.145	- 0.147	- 0.151	- 0.150	- 0.143		
		变差	0.007	0.014	0.015	0.014	0.014	0.012	最大变差:0.015	
	100	上升	- 0.587	- 0.568	- 0.573	- 0.574	- 0.573	- 0.561	- 0.566	
		下降	- 0.566	- 0.560	- 0.562	- 0.555	- 0.556	- 0.555		
		变差	0.021	0.008	0.011	0.019	0.017	0.006	最大变差:0.021	

校准日期:2017 - 7 - 28　　　　　　　校准员:冯云龙　　　　　　核验员:汤强

设备名称:自升流精密电流互感器　　　设备编号:160502

鄂尔多斯电业局计量比对试验结果报告

单位名称	鄂尔多斯电业局电能计量中心
试验日期	2017 年 7 月 28 日至 2017 年 7 月 28 日
传递标准编号	160502

量限/A	误差	额定电流/A	6 次读数的平均值	化整值	合成标准不确定度	扩展测量不确定度 ($k=2$)
5/5	比值差/%	100	− 0.010 3	− 0.010	0.012	0.024
	相位差(′)	100	− 0.610	− 0.60	0.35	0.70
20/5	比值差/%	100	− 0.001 2	− 0.002	0.012	0.024
	相位差(′)	100	− 0.104	− 0.10	0.35	0.70
100/5	比值差/%	100	− 0.010 8	− 0.010	0.012	0.024
	相位差(′)	100	− 0.566	− 0.55	0.35	0.70

单位名称(盖章):鄂尔多斯电业局电能计量中心

日期:2017 年 7 月 28 日

测量结果的不确定度评定

21.1　比差测量结果不确定度评定

21.1.1　测量依据:JJG 313—2010《测量用电流互感器》。

21.1.2　环境条件:温度:$(10 \sim 35)$℃;相对湿度:$\leqslant 80\%$。

21.1.3　测量标准:0.02S 级标准电流互感器,型号:HL – 16A;出厂编号:120517;等级:0.02S 级。

21.1.4　被测对象:自升流精密电流互感器,0.02S 级,变比$(5 \sim 3000)/5$,型号:HLS – 30;出厂编号:160502。

数学模型见式$(21 – 1)$:

$$f_x = f_p$$

$$(21 – 1)$$

式中　f_x——被检电流互感器比值差;

　　　f_p——互感器校验仪测得的电流上升、下降比值差的算术平均值。

不确定度灵敏系数见式$(21 – 2)$:

$$c = \partial f_x / \partial f_p = 1 \qquad (21 – 2)$$

21.1.5　输入量的标准不确定度的评定

输入量f_p的标准不确定度$u(f_p)$的来源主要有两方面:

$u(f_{p1})$——在重复性条件下由对被检电流互感器测量不重复引起的不确定度分项采取 A 类评定方法。

$u(f_{p2})$——标准电流互感器误差引起的不确定度分项,采用 B 类的评定方法。

21.1.5.1　标准不确定度$u(f_{p1})$的评定

该不确定度分项主要由于被测电流互感器的测量不重复性引起的,可以通过连续测量得到测量列,采用 A 类方法评定。

对 0.02S 级电流互感器,在 5A/5A、20A/5A、100A/5A 额定功率因数,额定电流100% 时,各连续测量 6 次,得到电流上升、下降比值差的算术平均值如表 21.1 所示。

表 21.1　比值差的算术平均值

实验条件:100% In、$\cos\phi = 1.0$						$\bar{r}/\%$	$s/\%$
5A/5A	– 0.010 6	– 0.010 4	– 0.010 4	– 0.010 2	– 0.010 2	– 0.010 2	– 0.010 3	0.000 2
20A/5A	– 0.001 2	– 0.001 2	– 0.001 2	– 0.001 2	– 0.001 2	– 0.001 2	– 0.001 2	0.000 0
100A/5A	– 0.010 9	– 0.010 9	– 0.010 9	– 0.010 9	– 0.010 9	– 0.010 9	– 0.010 9	0.000 0

用贝塞尔公式[见(21-3)~(21-5)]计算求出标准偏差:

$$s_5 = \sqrt{\frac{\sum_{i=1}^{n}(r_i - \bar{r})^2}{n-1}} = 0.000\ 2\% \tag{21-3}$$

$$s_{20} = \sqrt{\frac{\sum_{i=1}^{n}(r_i - \bar{r})^2}{n-1}} = 0.000\ 0\% \tag{21-4}$$

$$s_{100} = \sqrt{\frac{\sum_{i=1}^{n}(r_i - \bar{r})^2}{n-1}} = 0.000\ 0\% \tag{21-5}$$

则标准不确定度见式(21-6)~(21-8):

$$u_5(f_{p1}) = S_5/\sqrt{6} = 0.000\ 08\% \tag{21-6}$$

$$u_{20}(f_{p1}) = S_{20}/\sqrt{6} = 0.000\ 0\% \tag{21-7}$$

$$u_{100}(f_{p1}) = S_{100}/\sqrt{6} = 0.000\ 0\% \tag{21-8}$$

21.1.5.2 标准不确定度 $u(f_{p2})$ 的评定

该不确定度分项是由标准电流互感器的误差引起,标准电流互感器经上级检定合格,由生产商的技术说明书给出的准确度等级 0.02S 级,其半宽 $a = 0.02\%$ 在此区间内可认为服从均匀分布,包含因子 $k = \sqrt{3}$,见式(21-9):

$$u(f_{p2}) = \frac{a}{\sqrt{3}} = 0.000\ 2/\sqrt{3} = 0.011\ 5\% \tag{21-9}$$

21.1.6 合成标准不确定度评定

合成标准不确定度评定见式(21-10)~式(21-12):

$$u_5(f_p) = \sqrt{u^2(f_{p1}) + u^2(f_{p2})} = 0.012 \tag{21-10}$$

$$u_{20}(f_p) = \sqrt{u^2(f_{p1}) + u^2(f_{p2})} = 0.012 \tag{21-11}$$

$$u_{100}(f_p) = \sqrt{u^2(f_{p1}) + u^2(f_{p2})} = 0.012 \tag{21-12}$$

21.1.7 扩展不确定度的评定

将 u_c 乘以给定频率 p 的包含因子 k_p,从而得到扩展不确定度 $U_p = k_p u_c$。计算扩展不确定度时大多情况下包含概率为 95%,取包含因子 $k_{95} = 2$,$U_{95} = 2u_c$ 则:

实验变比为 5/5,在 100% In,额定功率因数下检定结果的不确定度见式(21-13):

$$U_{95} = 2u_c = 0.024\% \tag{21-13}$$

实验变比为 20/5,在 100% In,额定功率因数下检定结果的不确定度见式(21-14):

$$U_{95} = 2u_c = 0.024\% \tag{21-14}$$

实验变比为 100/5,在 100% In,额定功率因数下检定结果的不确定度见式(21-15):

$$U_{95} = 2u_c = 0.024\% \tag{21-15}$$

21.2 角差测量结果不确定度评定

21.2.1 测量依据:JJG 313—2010《测量用电流互感器》。

21.2.2 环境条件:温度:$(10 \sim 35)$ ℃;相对湿度:$\leq 80\%$。

21.2.3 测量标准:0.02S 级标准电流互感器,型号:HL – 16A;出厂编号:120517;等级:0.02S 级。

21.2.4 被测对象:自升流精密电流互感器,0.02S 级,变比$(5 \sim 3000)/5$,型号:HLS – 30;出厂编号:160502。

数学模型见式(21 – 16):

$$\delta_x = \delta_p \tag{21 – 16}$$

式中 δ_x——被检电流互感器相位差;

δ_p——互感器校验仪测得的电流上升、下降相位差的算术平均值。

不确定度灵敏系数见式(21 – 17):

$$c = \partial \delta_x / \partial \delta_p = 1 \tag{21 – 17}$$

21.2.5 输入量的标准不确定度的评定

输入量 δ_p 的标准不确定度 $u(\delta_p)$ 的来源主要有两方面:

$u(\delta_{p1})$——在重复性条件下由对被检电流互感器测量不重复引起的不确定度分项采取 A 类评定方法。

$u(\delta_{p2})$——标准电流互感器误差引起的不确定度分项,采用 B 类的评定方法。

21.2.5.1 标准不确定度 $u(\delta_{p1})$ 的评定

该不确定度分项主要由于被测电流互感器的测量不重复性引起的,可以通过连续测量得到测量列,采用 A 类方法评定。

对 0.02S 级电流互感器,在 5/5、20/5、100/5 额定功率因数,额定电流 100% 时,各连续测量 6 次,得到电流上升、下降角差的算术平均值如表 21.2 所示。

表 21.2 角差的算术平均值

实验条件:100% In、$\cos\phi = 1.0$						$\bar{r}/('）$	$s/('）$
5/5	– 0.617	– 0.616	– 0.608	– 0.614	– 0.604	– 0.605	– 0.610	0.005 8
20/5	– 0.099	– 0.100	– 0.102	– 0.101	– 0.103	– 0.099	– 0.100	0.001 8
100/5	– 0.577	– 0.564	– 0.568	– 0.565	– 0.565	– 0.558	– 0.566	0.006 2

由这些误差求得单次测量的试验标准差见式(21 – 18) ~ (21 – 20):

$$s_5 = \sqrt{\frac{\sum_{i=1}^{n} (r_i - \bar{r})^2}{n - 1}} = 0.005 8 \tag{21 – 18}$$

$$s_{20} = \sqrt{\dfrac{\sum\limits_{i=1}^{n}\left(r_i - \bar{r}\right)^2}{n-1}} = 0.001\,8 \qquad (21-19)$$

$$s_{100} = \sqrt{\dfrac{\sum\limits_{i=1}^{n}\left(r_i - \bar{r}\right)^2}{n-1}} = 0.006\,2 \qquad (21-20)$$

通常,对被检电能表重复独立测量 6 次相对误差,故 A 类不确定度 μ_A 结果如式 $(21-21)\sim(21-23)$:

$$u_5(\delta_{p1}) = S_5/\sqrt{6} = 0.002\,4 \qquad (21-21)$$

$$u_{20}(\delta_{p1}) = S_{20}/\sqrt{6} = 0.000\,7 \qquad (21-22)$$

$$u_{100}(\delta_{p1}) = S_{100}/\sqrt{6} = 0.002\,5 \qquad (21-23)$$

21.2.5.2　标准不确定度 $u(\delta_{p2})$ 的评定

标准电流互感器准确度等级为 0.02 级,其角差的最大允许误差在 100% In 时为 $\pm0.6'$,其半宽 $a=0.6'$,在此区间内可认为服从均匀分布,包含因子 $k=\sqrt{3}$,见式$(21-24)$:

$$u(\delta_{p2}) = \dfrac{a}{\sqrt{3}} = 0.6'/\sqrt{3} = 0.35' \qquad (21-24)$$

21.2.6　合成标准不确定度评定:

合成标准不确定度评定见式$(21-25)\sim(21-27)$:

$$u_5(f_p) = \sqrt{u_5^2(f_{p1}) + u^2(f_{p2})} = 0.35' \qquad (21-25)$$

$$u_{20}(f_p) = \sqrt{u_{20}^2(f_{p1}) + u^2(f_{p2})} = 0.35' \qquad (21-26)$$

$$u_{100}(f_p) = \sqrt{u_{100}^2(f_{p1}) + u^2(f_{p2})} = 0.35' \qquad (21-27)$$

21.2.7　扩展不确定度的评定

将 u_c 乘以给定频率 p 的包含因子 k_p,从而得到扩展不确定度 $U_p = k_p u_c$。计算扩展不确定度时大多情况下包含概率为 95%,取包含因子 $k_{95}=2$,$U_{95}=2u_c$ 则:

实验变比为 5/5,在 100% In、额定功率因数下检定结果的不确定度见式$(21-28)$:

$$U_{95} = 2\mu_c = 0.70' \qquad (21-28)$$

实验变比为 5/5,在 100% In、额定功率因数下检定结果的不确定度见式$(21-29)$:

$$U_{95} = 2\mu_c = 0.70' \qquad (21-29)$$

实验变比为 5/5,在 100% In、额定功率因数下检定结果的不确定度见式$(21-30)$:

$$U_{95} = 2\mu_C = 0.70' \qquad (21-30)$$

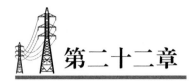

第二十二章

薛家湾供电局电流互感器量值不确定度评定实例

互感器校准记录

送校单位:主导实验室　　　　型号规格:HLS－30　　　　仪器编号:160502
生产厂家:北京普华瑞迪科技有限公司　　环境温度(℃):24.2　　　相对湿度(％):48

| 误差 | 额定电流/A | 状态 | 测量次数 | | | | | | 6次测量平均值 | 备注 |
			1	2	3	4	5	6		
比值差/%	5	上升	− 0.003 8	− 0.003 5	− 0.003 4	− 0.003 5	− 0.003 5	− 0.003 5	− 0.003 6	5/5
		下降	− 0.003 5	− 0.003 6	− 0.003 6	− 0.003 6	− 0.003 6	− 0.003 6		
		变差	0.000 3	0.000 1	0.000 2	0.000 1	0.000 1	0.000 1	最大变差:0.000 3	
	20	上升	− 0.004 8	− 0.004 9	− 0.004 5	− 0.004 7	− 0.004 6	− 0.004 7	− 0.004 8	
		下降	− 0.005 1	− 0.004 7	− 0.004 9	− 0.004 8	− 0.005 0	− 0.005 2		
		变差	0.000 3	0.000 2	0.000 4	0.000 1	0.000 4	0.000 5	最大变差:0.000 5	
	100	上升	− 0.007 9	− 0.007 2	− 0.008 0	− 0.008 3	− 0.008 2	− 0.008 1	− 0.008 1	
		下降	− 0.008 3	− 0.007 7	− 0.008 5	− 0.008 4	− 0.008 7	− 0.008 1		
		变差	0.000 4	0.000 5	0.000 5	0.000 1	0.000 5	0.000 0	最大变差:0.000 5	
相位差(′)	5	上升	0.155	0.203	0.167	0.181	0.178	0.184	0.167 3	
		下降	0.127	0.153	0.171	0.169	0.174	0.145		
		变差	0.028	0.050	0.004	0.012	0.040	0.039	最大变差:0.050	
	20	上升	− 0.152	0.096	0.098	0.104	0.101	0.109	0.055 8	
		下降	0.001	0.049	0.080	0.075	0.078	0.030		
		变差	0.153	0.047	0.018	0.029	0.023	0.079	最大变差:0.153	
	100	上升	− 0.558	− 0.282	− 0.206	− 0.236	− 0.241	− 0.231	− 0.275 1	
		下降	− 0.291	− 0.261	− 0.240	− 0.252	− 0.243	− 0.260		
		变差	0.267	0.021	0.034	0.016	0.002	0.029	最大变差:0.267	

校准日期:2017－8－8　　　　　　校准员:　　　　　　　核验员:
设备名称:2K03B2　　　　　　　　设备编号:140543

互感器校准记录

送校单位:主导实验室　　　　　　　　型号规格:HLS-30　　　　　　　仪器编号:160502
生产厂家:北京普华瑞迪科技有限公司　　环境温度(℃):24.2　　　　　相对湿度(%):48

| 误差 | 额定电流/A | 状态 | 测量次数 | | | | | | 6次测量平均值 | 备注 |
			1	2	3	4	5	6		
比值差/%	5	上升	-0.003 2	-0.003 2	-0.003 2	-0.003 2	-0.003 2	-0.003 2	-0.003 1	
		下降	-0.003 1	-0.003 1	-0.003 1	-0.003 1	-0.003 2	-0.003 1		
		变差	0.000 1	0.000 1	0.000 1	0.000 1	0.000 0	0.000 1	最大变差:0.000 1	
	20	上升	-0.002 0	-0.002 0	-0.002 0	-0.002 0	-0.002 0	-0.002 0	-0.002 0	
		下降	-0.001 9	-0.002 0	-0.002 0	-0.002 0	-0.002 0	-0.001 9		
		变差	0.000 1	0.000 0	0.000 0	0.000 0	0.000 0	0.000 1	最大变差:0.000 1	
	100	上升	-0.001 2	-0.001 2	-0.001 3	-0.001 2	-0.001 3	-0.001 2	-0.001 2	20/5
		下降	-0.001 1	-0.001 1	-0.001 1	-0.001 2	-0.001 1	-0.001 1		
		变差	0.000 1	0.000 1	0.000 2	0.000 0	0.000 2	0.000 1	最大变差:0.000 2	
相位差(′)	5	上升	-0.209	-0.209	-0.214	-0.215	-0.208	-0.214	-0.207 5	
		下降	-0.197	-0.202	-0.206	-0.202	-0.209	-0.205		
		变差	0.012	0.007	0.008	0.013	0.001	0.006	最大变差:0.013	
	20	上升	-0.117	-0.117	-0.122	-0.122	-0.117	-0.119	-0.115 5	
		下降	-0.109	-0.114	-0.104	-0.114	-0.118	-0.113		
		变差	0.008	0.003	0.018	0.008	0.001	0.006	最大变差:0.018	
	100	上升	-0.012	-0.022	-0.028	-0.026	-0.017	-0.023	-0.014 2	
		下降	0.000	-0.005	-0.011	-0.007	-0.013	-0.006		
		变差	0.012	0.017	0.017	0.019	0.004	0.017	最大变差:0.017	

校准日期:2017-8-8　　　　　　　　校准员:　　　　　　　　核验员:
设备名称:2K03B2　　　　　　　　　设备编号:140543

互感器校准记录

送校单位:主导实验室　　　　　　　　型号规格:HLS－30　　　　　　仪器编号:160502

生产厂家:北京普华瑞迪科技有限公司　　环境温度(℃):24.2　　　　　相对湿度(%):48

误差	额定电流/A	状态	测量次数						6次测量平均值	备注
			1	2	3	4	5	6		
比值差/%	5	上升	−0.002 8	−0.002 7	−0.002 7	−0.002 7	−0.002 7	−0.002 7	−0.002 8	100/5
		下降	−0.002 9	−0.002 8	−0.002 8	−0.002 8	−0.002 8	−0.002 8		
		变差	0.000 1	0.000 1	0.000 1	0.000 1	0.000 1	0.000 1	最大变差:0.000 1	
	20	上升	−0.004 5	−0.004 4	−0.004 6	−0.004 6	−0.004 5	−0.004 6	−0.004 6	
		下降	−0.004 8	−0.004 7	−0.004 7	−0.004 7	−0.004 7	−0.004 7		
		变差	0.000 3	0.000 3	0.000 1	0.000 1	0.000 2	0.000 1	最大变差:0.000 3	
	100	上升	−0.008 7	−0.009 2	−0.009 5	−0.009 4	−0.009 3	−0.009 4	−0.009 3	
		下降	−0.009 1	−0.009 4	−0.009 4	−0.009 3	−0.009 4	−0.009 4		
		变差	0.000 4	0.000 2	0.000 1	0.000 1	0.000 1	0.000 0	最大变差:0.000 4	
相位差(′)	5	上升	0.316	0.303	0.318	0.303	0.307	0.318	0.306 0	
		下降	0.288	0.306	0.295	0.299	0.310	0.309		
		变差	0.028	0.003	0.023	0.004	0.003	0.009	最大变差:0.028	
	20	上升	0.179	0.157	0.160	0.150	0.153	0.160	0.148 2	
		下降	0.126	0.139	0.129	0.134	0.147	0.144		
		变差	0.053	0.018	0.031	0.016	0.006	0.016	最大变差:0.053	
	100	上升	−0.283	−0.318	−0.328	−0.325	−0.323	−0.327	−0.322 9	
		下降	−0.320	−0.331	−0.331	−0.330	−0.326	−0.333		
		变差	0.037	0.013	0.003	0.005	0.003	0.006	最大变差:0.037	

校准日期:2017－8－8　　　　　　　　校准员:　　　　　　　　　核验员:

设备名称:2K03B2　　　　　　　　　　设备编号:140543

薛家湾供电局计量比对试验结果报告

单位名称	薛家湾供电局电能计量中心
试验日期	2017 年 8 月 8 日至 2017 年 8 月 8 日
传递标准编号	160502

量限/A	误差	额定电流/A	6 次读数的平均值	化整值	合成标准不确定度	扩展测量不确定度（$k=2$）
5/5	比值差/%	100	− 0.008 1	− 0.00 8	0.011 573	0.023 262
	相位差（′）	100	− 0.275 1	− 0.30	0.360 620	0.724 846
20/5	比值差/%	100	− 0.001 2	− 0.002	0.011 533	0.023 181
	相位差（′）	100	− 0.014 2	− 0.00	0.346 530	0.696 525
100/5	比值差/%	100	− 0.009 3	− 0.010	0.011 533	0.023 181
	相位差（′）	100	− 0.322 9	− 0.30	0.346 703	0.696 873

单位名称(盖章):薛家湾供电局电能计量中心

日期:2017 年 8 月 8 日

测量结果的不确定度评定

22.1　概述

22.1.1　测量依据:

JJG 313—2010《测量用电流互感器》。

22.1.2　环境条件

温度:24.4℃

湿度:48% RH。

22.1.3　测量标准

名称:带升流器电流互感器　型号:HL－16A　准确度等级:0.02S 级　编号:140543。

22.1.4　被测对象

名称:自升流精密电流互感器 型号:HLS－30　准确度等级:0.02 级　编号:160502。

22.1.5　测量过程

标准电流互感器和被检电流互感器在相同变比的条件下,采用比较法测量,将在互感器校验仪上测得的电流上升、下降两次比值差和相位差读数的值作为被测电流互感器在该额定变比时的比值差和相位差。(本次评定取每一变比前五次测量所得上升、下降比差值和相位差共 10 组数据使用)。

22.1.6　评定结果的使用

符合上述条件的测量,一般可参照使用本不确定度的评定方法。额定电流在 100% 时的比值差和相位差的测量结果的不确定度可直接使用本不确定度的评定结果。

22.2　数学模型

数学模型见式(22－1):

$$f_x = f_p \qquad \delta_x = \delta_p \qquad\qquad (22-1)$$

式中　f_x——被检互感器比差值;

　　　f_p——校验仪读取的电流上升、下降时比差的值;

　　　δ_x——被测互感器角差值;

　　　δ_p——校验仪读取的电流上升、下降时角差的值。

22.3　输入量的标准不确定度的评定

输入量 f_p、δ_p 的标准不确定度 $u(f_p)$,$u(\delta_p)$ 的来源主要有两方面:

在重复性条件下由被测互感器不重复引起的不确定度分项 $u(f_{p1})$，$u(\delta_{p1})$ 采用 A 类评定方法；

标准电流互感器误差引起的不确定度分项 $u(f_{p2})$、$u(\delta_{p2})$，采用 B 类评定方法；

根据互感器校验仪的技术指标可知，在被测量较小时，由于互感器校验仪误差引起的不确定度主要是由最小分度值引起，而该不确定度已包含在由测量不重复引起的不确定度分项 $u(f_{p1})$、$u(\delta_{p1})$ 中，因此，当被测量值较小时，由互感器校验仪误差引起的不确定度可以不必再做分析。

22.3.1　标准不确定度分项 $u(f_{p1})$ 的评定

该不确定度分项主要由被测互感器测量不重复引起的，可以通过连续测量得到测量列，采用 A 类方法评定。

对一台 0.02 级电流互感器 5A/5A；20A/5A；100A/5A，5V·A，$\cos\phi = 1.0$ 时，对 100%In 点上升和下降连续测量 5 次，分别得到测量列算术平均值三组，如表 22.1 所示。

表 22.1　测量到算术平均值　　　　　　　　　　　　　单位为（′）

| 变比 | 测量次数 | | | | | | | | | | $s(y_i) = \sqrt{\dfrac{\sum\limits_{i=1}^{n}(y_i - \overline{y})^2}{n-1}}$ |
	1	2	3	4	5	6	7	8	9	10	
5/5	−0.007 9	−0.008 3	−0.007 2	−0.007 7	−0.008 0	−0.008 5	−0.008 3	−0.008 4	−0.008 2	−0.008 7	0.000 437
	−0.558	−0.291	−0.282	−0.261	−0.206	−0.240	−0.236	−0.252	−0.241	−0.243	0.100 247
20/5	−0.001 2	−0.001 1	−0.001 2	−0.001 1	−0.001 3	−0.001 1	−0.001 2	−0.001 2	−0.001 3	−0.001 1	0.000 079
	−0.012	0.000	−0.022	−0.005	−0.028	−0.011	−0.026	−0.007	−0.017	−0.013	0.009 146
100/5	−0.008 7	−0.009 1	−0.009 2	−0.009 4	−0.009 5	−0.009 4	−0.009 4	−0.009 3	−0.009 3	−0.009 4	0.000 231
	−0.283	−0.320	−0.318	−0.331	−0.328	−0.331	−0.325	−0.330	−0.323	−0.326	0.014 246

样本标准差 $s_{f_p} = 0.000\ 437\%$　　　$s_{\delta_p} = 0.100\ 247'$　　　5/5

样本标准差 $s_{f_p} = 0.000\ 079\%$　　　$s_{\delta_p} = 0.009\ 146'$　　　20/5

样本标准差 $s_{f_p} = 0.000\ 231\%$　　　$s_{\delta_p} = 0.014\ 246'$　　　100/5

$u(f_{p1}) = s_{f_p} = 0.000\ 437\%$　　　$u(\delta_{p1}) = s_{\delta_p} = 0.100\ 247'$　　　5/5

$u(f_{p1}) = s_{f_p} = 0.000\ 079\%$　　　$u(\delta_{p1}) = s_{\delta_p} = 0.009\ 146'$　　　20/5

$u(f_{p1}) = s_{f_p} = 0.000\ 231\%$　　　$u(\delta_{p1}) = s_{\delta_p} = 0.014\ 246'$　　　100/5

自由度 $v(f_{p1}) = v(\delta_{p1}) = 1 \times (10 - 1) = 9$。

22.3.2　标准不确定度分项 $u(f_{p2})$，$u(\delta_{p2})$ 的评定

该不确定分项主要是标准电流互感器误差引起的，标准电流互感器经上级检定合格，标准电流互感器比值最大允许误差 $e = \pm 0.02\%$，其半宽 $a = 0.05\%$，相位差最大允许

误差 $\pm 0.6'$,其半宽 $a = 0.6'$。在此区间内可认为服从均匀分布,包含因子 $k = \sqrt{3}$,见式 $(22-2)$,$(22-3)$:

$$u(f_{p2}) = 0.02\%/\sqrt{3} = 0.011\ 547\% \qquad (22-2)$$

$$u(\delta_{p2}) = 0.6'/\sqrt{3} = 0.346\ 410' \qquad (22-3)$$

估计 $\Delta u(f_{p2})/u(f_{p2}) = 0.1$,则自由度 $v(f_{p2}) = 50$;

估计 $\Delta u(\delta_{p2})/u(\delta_{p2}) = 0.1$,则自由度 $v(\delta_{p2}) = 50$。

22.3.3 标准不确定度 $u(f_p)$,$u(\delta_p)$的计算。

5/5 时:

$u(f_p) = 0.011\ 573\%$ $\qquad v(f_p) = 50$ $\qquad u(\delta_p) = 0.360\ 620'$ $\qquad v(\delta_p) = 50$

20/5 时:

$u(f_p) = 0.011\ 533\%$ $\qquad v(f_p) = 50$ $\qquad u(\delta_p) = 0.346\ 530'$ $\qquad v(\delta_p) = 50$

100/5 时:

$u(f_p) = 0.011\ 533\%$ $\qquad v(f_p) = 50$ $\qquad u(\delta_p) = 0.346\ 703'$ $\qquad v(\delta_p) = 50$

22.4 灵敏系数

数学模型:$f_x = f_p$ $\qquad \delta_x = \delta_p$

灵敏细数:$c_f = 1$ $\qquad c_\delta = 1$

22.5 汇总表

汇总表见表 22.2。

表 22.2 不确定度及灵敏系数和自由度汇总表

变比:5/5				
标准不确定度分量	不确定度来源	灵敏系数	标准不确定度	自由度 r
$u(f_p)$	比差引入的不确定度		0.011 573%	50
$u(f_{p1})$	测量不重复	1	0.000 437%	9
$u(f_{p2})$	标准电流互感器误差		0.011 547%	50
$u(\delta_p)$	相位差引入的不确定度		0.360 620'	50
$u(\delta_{p1})$	测量不重复	1	0.100 247'	9
$u(\delta_{p2})$	标准电流互感器误差		0.346 410'	50
变比:20/5				

续表

标准不确定度分量	不确定度来源	灵敏系数	标准不确定度	自由度 r
$u(f_\text{p})$	比差引入的不确定度		0.011 533%	50
$u(f_\text{p1})$	测量不重复	1	0.000 079%	9
$u(f_\text{p2})$	标准电流互感器误差		0.011 547%	50
$u(\delta_\text{p})$	相位差引入的不确定度		0.346 530′	50
$u(\delta_\text{p1})$	测量不重复	1	0.009 146′	9
$u(\delta_\text{p2})$	标准电流互感器误差		0.346 410′	50
变比:100/5				
标准不确定度分量	不确定度来源	灵敏系数	标准不确定度	自由度 r
$u(f_\text{p})$	比差引入的不确定度		0.011 533%	50
$u(f_\text{p1})$	测量不重复	1	0.000 231%	9
$u(f_\text{p2})$	标准电流互感器误差		0.011 547%	50
$u(\delta_\text{p})$	相位差引入的不确定度		0.346 703′	50
$u(\delta_\text{p1})$	测量不重复	1	0.014 246′	9
$u(\delta_\text{p2})$	标准电流互感器误差		0.346 410′	50

22.6　合成标准不确定度 $u(f_\text{p})$ 的计算

变比为5/5时:
$$u_\text{c}^2 = \{c_1 u(f_\text{p1})\}^2 + \{c_2 u(f_\text{p2})\}^2 \qquad u_\text{cf} = 0.011\ 573\% \qquad u_\text{c\delta} = 0.360\ 620′$$

变比为20/5时:
$$u_\text{c}^2 = \{c_1 u(f_\text{p1})\}^2 + \{c_2 u(f_\text{p2})\}^2 \qquad u_\text{cf} = 0.011\ 533\% \qquad u_\text{c\delta} = 0.346\ 530′$$

变比为100/5时:
$$u_\text{c}^2 = \{c_1 u(f_\text{p1})\}^2 + \{c_2 u(f_\text{p2})\}^2 \qquad u_\text{cf} = 0.011\ 533\% \qquad u_\text{c\delta} = 0.346\ 703′$$

22.7　合成标准不确定度的有效自由度

合成标准不确定度的有效自由度见式(22-4):
$$V_\text{eff} = u_\text{c}^4 / \left[\{c_1 u(f_\text{p1})\}^4 / v_1 + \{c_2 u(f_\text{p2})\}^4 / v_2\right] = 50 \qquad (22-4)$$

22.8　扩展不确定度的报告与表示

取包含概率 $p = 95\%$,有效自由度 $v_\text{eff} = 50$,查 t 分布表得: $k_{95} = t_{95}(50) = 2.01$

变比为 5/5 时:

扩展不确定度 $\quad U_{f-95} = t_{95}(50) \cdot u_c = 2.01 \times 0.011\,573\% = 0.023\,262\%$;

$\qquad\qquad\qquad U_{\delta-95} = t_{95}(50) \cdot u_c = 2.01 \times 0.360\,620' = 0.724\,846'$。

变比为 20/5 时:

扩展不确定度 $\quad U_{f-95} = t_{95}(50) \cdot u_c = 2.01 \times 0.011\,533\% = 0.023\,181\%$;

$\qquad\qquad\qquad U_{\delta-95} = t_{95}(50) \cdot u_c = 2.01 \times 0.346\,530' = 0.696\,525'$。

变比为 100/5 时:

扩展不确定度 $\quad U_{f-95} = t_{95}(50) \cdot u_c = 2.01 \times 0.011\,533\% = 0.023\,181\%$;

$\qquad\qquad\qquad U_{\delta-95} = t_{95}(50) \cdot u_c = 2.01 \times 0.346\,703' = 0.696\,873'$。

22.9　测量不确定度的报告与表示

0.02 级电流互感器,量限 5A/5A,100% 额定负荷$(5V \cdot A, \cos\phi = 1.0)$时比差测量结果的扩展不确定度为:

$$U_{f-95} = 0.023\,262\% \qquad v_{f-\mathrm{eff}} = 50 \qquad U_{\delta-95} = 0.724\,846' \qquad v_{\delta-\mathrm{eff}} = 50$$

量限 20A/5A,100% 额定负荷$(5V \cdot A, \cos\phi = 1.0)$时比差测量结果的扩展不确定度为:

$$U_{f-95} = 0.023\,181\% \qquad v_{f-\mathrm{eff}} = 50 \qquad U_{\delta-95} = 0.696\,525' \qquad v_{\delta-\mathrm{eff}} = 50$$

量限 100A/5A,100% 额定负荷$(5V \cdot A, \cos\phi = 1.0)$时比差测量结果的扩展不确定度为:

$$U_{f-95} = 0.023\,181\% \qquad v_{f-\mathrm{eff}} = 50 \qquad U_{\delta-95} = 0.696\,873' \qquad v_{\delta-\mathrm{eff}} = 50$$

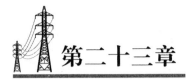

第二十三章

锡林郭勒电业局电流互感器量值不确定度评定实例

互感器校准记录

送校单位:锡林郭勒电业局电能计量中心　　型号规格:HL-16A　　仪器编号:120513
生产厂家:秦皇岛海纳　　　　　　　　　　环境温度(℃):25　　相对湿度(%):75

误差	额定电流/A	状态	测量次数						6次测量平均值	备注
			1	2	3	4	5	6		
比值差/%	5	上升	-0.002 3	-0.002 3	-0.002 2	-0.002 2	-0.002 1	-0.002 2	-0.002 2	
		下降								
		变差		0.000 0	0.000 1	0.000 0	0.000 1	0.000 1	最大变差:0.000 2	
	20	上升	0.002 2	0.002 2	0.002 2	0.002 2	0.002 2	0.002 2	0.002 2	
		下降								
		变差		0.000 0	0.000 0	0.000 0	0.000 0	0.000 0	最大变差:0.000 0	
	100	上升	-0.007 8	-0.010 6	-0.008 1	-0.007 0	-0.007 2	-0.007 1	-0.008 0	
		下降								
		变差		0.002 8	0.002 5	0.002 1	0.000 2	0.000 1	最大变差:0.003 6	
相位差(′)	5	上升	-0.080	-0.084	-0.083	-0.080	-0.079	-0.082	-0.081 8	
		下降								
		变差		0.004	0.001	0.003	0.001	0.003	最大变差:0.005	
	20	上升	-0.176	-0.162	-0.164	-0.162	-0.160	-0.155	-0.163 2	
		下降								
		变差		0.014	0.002	0.002	0.002	0.005	最大变差:0.021	
	100	上升	-0.437	-0.232	-0.373	-0.265	-0.297	-0.292	-0.316 0	
		下降								
		变差		0.205	0.143	0.108	0.032	0.005	最大变差:0.205	

校准日期:2017-8-5　　　　　　　校准员:李国峰　　　　　　核验员:包煊赫
设备名称:检定装置　　　　　　　设备编号:120513

锡林郭勒电业局计量比对试验结果报告

单位名称	锡林郭勒电业局电能计量中心
试验日期	2017 年 8 月 5 日至 2017 年 8 月 5 日
传递标准编号	160502

量限/A	误差	额定电流/A	6 次读数的平均值	化整值	合成标准不确定度	扩展测量不确定度 ($k=2$)
5/5	比值差/%	100	− 0.002 2	− 0.002	0.015% + j0.301′	0.030% + j0.602′
	相位差(′)	100	− 0.081 8	− 0.082		
20/5	比值差/%	100	0.000 0	0.000	0.015% + j0.306′	0.030% + j0.612′
	相位差(′)	100	− 0.163 2	− 0.160		
100/5	比值差/%	100	0.003 6	0.004	0.015% + j0.330′	0.030% + j0.660′
	相位差(′)	100	− 0.316 0	− 0.316		

单位名称(盖章):锡林郭勒电业局电能计量中心

日期:2017 年 8 月 15 日

测量结果的不确定度评定

23.1　概述

23.1.1　测量依据:JJG 313—2010《测量用电流互感器》,JJF 1059.1—2012《测量不确定度评定与表示》。

23.1.2　环境条件:温度(10～35)℃;湿度≤80%RH。

23.1.3　测量标准;电流互感器等级 0.02S 级,量程(5～3000)A/5A、1A。

23.1.4　被检定对象:北京普华瑞迪科技有限公司,型号 HLS,准确度等级 0.02,额定一次电流(5～2000)A,额定负荷5V·A,分别取 5A/5A,20A/5A,100A/5A 时的测量数据。

23.1.5　测量过程:将标准电流互感器与被检电流互感器在相同的额定变比的条件下,采用比较法进行测量,将在互感器校验仪测得的电流上升、下降的两次误差读数地算术平均值作为被测电流互感器在该额定变比时的误差。

23.1.6　评定结果的使用,符合上述条件的测量结果,一般可直接使用本不确定度的评定方法。

23.2　工作原理

该装置用于检定 0.1S 级及以下的电流比为(5～3000)A/5A、1A 的电流互感器。原理为标准电流互感器与被检电流互感器均为同一变比,检定方法采用比较法线路对被检电流互感器误差进行测试,其误差计算如式(23－1):

$$f_x = f_p(\%), \quad \delta_x = \delta_p(')\tag{23－1}$$

其中:f_x 和 δ_x 为被检电流互感器的比值差和相位差,

f_p 和 δ_p 为测得的比值差和相位差。

23.3　测量结果的误差来源

使用该电流互感器标准装置检定电流互感器时,测量结果误差用测量结果的不确定度来表示,主要有两大类:

A 类误差:用统计方法计算的误差。

B 类误差:用非统计方法计算的误差。

A 类不确定度误差:主要由外界电磁场、工作电磁场、线路调平衡状况的一致性、电源波动、电源频率及波形变化等因素的影响而带来的误差,用测量结果的实验标准偏差来表示。

B 类不确定度误差:主要由标准器引起,取标准器的误差限值按正态分布处理。

23.4　测量结果的误差分析及总不确定度

A 类不确定度误差,用标准装置的实验标准偏差来表征,取重复性测量数据:

即 $s_1 = 0.000\ 785\ 471\% + j0.030\ 980\ 79'$

$s_2 = 0.000\ 777\ 817\% + j0.062\ 001\ 152'$

$s_3 = 0.003\ 016\ 147\% + j0.137\ 885\ 736'$

B 类不确定度误差,该标准装置精度为 0.02S 级,误差限为 0.02% + j0.6'。取正态分布包含概率 $p = 95\%$,$k = 2$。

取 $u = (0.02\% + j0.6')/2 = 0.015\% + j0.3'$

合成标准不确定度 $\sigma_1 = \sqrt{s_1^2 + u^2} = 0.015\% + j0.301'$

合成标准不确定度 $\sigma_2 = \sqrt{s_1^2 + u^2} = 0.015\% + j0.306'$

合成标准不确定度 $\sigma_3 = \sqrt{s_1^2 + u^2} = 0.015\% + j0.330'$

扩展不确定度 $U_1 = k\sigma_1 = 0.030\% + j0.602'$　（$k = 2$）

扩展不确定度 $U_2 = k\sigma_2 = 0.030\% + j0.612'$　（$k = 2$）

扩展不确定度 $U_3 = k\sigma_3 = 0.030\% + j0.660'$　（$k = 2$）

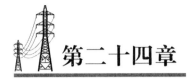

第二十四章

乌兰察布电业局电流互感器量值不确定度评定实例

互感器校准记录

送校单位:内蒙古电科院电能计量检测中心　　型号规格:HLS－30　　仪器编号:160502
生产厂家:北京普华瑞迪科技有限公司　　环境温度(℃):25.1　　相对湿度(%):49

误差	额定电流/A	状态	测量次数						6次测量平均值	备注
			1	2	3	4	5	6		
比值差/%	5	上升	－0.004 9	－0.005 0	－0.004 9	－0.005 1	－0.005 0	－0.005 1	－0.005 0	5A/5A
		下降	－0.005 0	－0.005 3	－0.005 0	－0.005 2	－0.005 3	－0.005 2	－0.005 2	
		变差	0.000 1	0.000 3	0.000 1	0.000 1	0.000 3	0.000 1	最大变差:0.000 3	
	20	上升	－0.009 1	－0.008 3	－0.009 1	－0.008 4	－0.009 0	－0.009 0	－0.008 8	5A/5A
		下降	－0.008 9	－0.008 3	－0.009 1	－0.008 4	－0.008 9	－0.009 0	－0.008 8	
		变差	0.000 2	0.000 0	0.000 0	0.000 0	0.000 1	0.000 0	最大变差:0.000 2	
	100	上升	－0.016 8	－0.015 0	－0.016 6	－0.014 9	－0.015 0	－0.015 0	－0.015 6	5A/5A
		下降	－0.016 2	－0.015 0	－0.016 4	－0.014 9	－0.015 0	－0.015 0	－0.015 4	
		变差	0.000 6	0.000 0	0.000 2	0.000 0	0.000 0	0.000 0	最大变差:0.000 6	
相位差(′)	5	上升	0.330	0.212	0.211	0.213	0.230	0.211	0.235	5A/5A
		下降	0.324	0.211	0.210	0.215	0.233	0.211	0.234	
		变差	0.006	0.001	0.001	0.002	0.003	0.000	最大变差:0.006	
	20	上升	0.186	0.104	0.106	0.103	0.101	0.102	0.117	5A/5A
		下降	0.178	0.104	0.108	0.103	0.104	0.102	0.117	
		变差	0.008	0.000	0.002	0.000	0.003	0.000	最大变差:0.008	
	100	上升	－0.420	－0.417	－0.421	－0.415	－0.417	－0.413	－0.417	5A/5A
		下降	－0.411	－0.415	－0.421	－0.414	－0.416	－0.413	－0.415	
		变差	0.009	0.002	0.000	0.001	0.001	0.000	最大变差:0.009	

校准日期:2017－8－5　　　　校准员:程云泽　　　　核验员:赵卫东
设备名称:全自动互感器校验装置　　设备编号:18080420

互感器校准记录

送校单位:内蒙古电科院电能计量检测中心　　　　型号规格:HLS-30　　　　仪器编号:160502

生产厂家:北京普华瑞迪科技有限公司　　　　环境温度(℃):25.1　　　　相对湿度(%):49

误差	额定电流/A	状态	测量次数						6次测量平均值	备注
			1	2	3	4	5	6		
比值差/%	5	上升	-0.0020	-0.0020	-0.0020	-0.0020	-0.0021	-0.0020	-0.0020	20A/5A
		下降	-0.0020	-0.0021	-0.0021	-0.0020	-0.0020	-0.0020	-0.0020	
		变差	0.0000	0.0001	0.0001	0.0000	0.0001	0.0000	最大变差:0.0001	
	20	上升	-0.0023	-0.0022	-0.0022	-0.0023	-0.0022	-0.0022	-0.0022	20A/5A
		下降	-0.0023	-0.0023	-0.0023	-0.0023	-0.0023	-0.0023	-0.0023	
		变差	0.0000	0.0001	0.0001	0.0000	0.0001	0.0001	最大变差:0.0001	
	100	上升	-0.0028	-0.0030	-0.0029	-0.0029	-0.0029	-0.0029	-0.0029	20A/5A
		下降	-0.0029	-0.0029	-0.0029	-0.0029	-0.0029	-0.0029	-0.0029	
		变差	0.0001	0.0001	0.0000	0.0000	0.0000	0.0000	最大变差:0.0001	
相位差(′)	5	上升	-0.150	-0.151	-0.157	-0.156	-0.152	-0.150	-0.153	20A/5A
		下降	-0.155	-0.155	-0.159	-0.152	-0.156	-0.151	-0.155	
		变差	0.005	0.004	0.002	0.004	0.004	0.001	最大变差:0.005	
	20	上升	-0.119	-0.116	-0.115	-0.120	-0.116	-0.116	-0.117	20A/5A
		下降	-0.118	-0.119	-0.120	-0.121	-0.117	-0.117	-0.119	
		变差	0.001	0.003	0.005	0.001	0.001	0.001	最大变差:0.005	
	100	上升	-0.095	-0.091	-0.092	-0.095	-0.092	-0.092	-0.093	20A/5A
		下降	-0.093	-0.099	-0.094	-0.093	-0.093	-0.091	-0.094	
		变差	0.002	0.008	0.002	0.002	0.001	0.001	最大变差:0.008	

校准日期:2017-8-5　　　　校准员:程云泽　　　　核验员:赵卫东

设备名称:全自动互感器校验装置　　　　设备编号:18080420

互感器校准记录

送校单位:内蒙古电科院电能计量检测中心　　型号规格:HLS－30　　仪器编号:160502
生产厂家:北京普华瑞迪科技有限公司　　环境温度(℃):25.1　　相对湿度(%):49

| 误差 | 额定电流/A | 状态 | 测量次数 | | | | | | 6 次测量平均值 | 备注 |
			1	2	3	4	5	6		
比值差/%	5	上升	− 0.004 2	− 0.003 8	− 0.003 6	− 0.004 5	− 0.004 0	− 0.004 0	− 0.004 0	100A/5A
		下降	− 0.004 5	− 0.004 1	− 0.003 5	− 0.004 2	− 0.004 3	− 0.004 5	− 0.004 2	
		变差	0.000 3	0.000 3	0.000 1	0.000 3	0.000 3	0.000 5	最大变差:0.000 5	
	20	上升	− 0.007 2	− 0.007 4	− 0.007 3	− 0.007 3	− 0.007 6	− 0.007 8	− 0.007 4	100A/5A
		下降	− 0.007 5	− 0.007 4	− 0.007 0	− 0.007 2	− 0.007 4	− 0.007 4	− 0.007 3	
		变差	0.000 3	0.000 0	0.000 3	0.000 1	0.000 2	0.000 4	最大变差:0.000 4	
	100	上升	− 0.014 2	− 0.014 2	− 0.013 9	− 0.014 3	− 0.014 4	− 0.014 7	− 0.014 3	100A/5A
		下降	− 0.014 3	− 0.014 3	− 0.014 3	− 0.014 0	− 0.014 4	− 0.014 4	− 0.014 3	
		变差	0.000 1	0.000 1	0.000 4	0.000 3	0.000 0	0.000 3	最大变差:0.000 4	
相位差(′)	5	上升	0.176	0.165	0.148	0.149	0.202	0.221	0.177	100A/5A
		下降	0.185	0.163	0.156	0.147	0.194	0.212	0.176	
		变差	0.009	0.002	0.008	0.002	0.008	0.009	最大变差:0.009	
	20	上升	0.084	0.090	0.070	0.078	0.086	0.091	0.083	100A/5A
		下降	0.079	0.089	0.077	0.070	0.084	0.085	0.081	
		变差	0.005	0.001	0.007	0.008	0.002	0.006	最大变差:0.008	
	100	上升	− 0.398	− 0.402	− 0.421	− 0.425	− 0.425	− 0.436	− 0.418	100A/5A
		下降	− 0.402	− 0.404	− 0.418	− 0.429	− 0.426	− 0.428	− 0.418	
		变差	0.004	0.002	0.003	0.004	0.001	0.008	最大变差:0.008	

校准日期:2017－8－5　　校准员:程云泽　　核验员:赵卫东
设备名称:全自动互感器校验装置　　设备编号:18080420

乌兰察布电业局计量比对试验结果报告

单位名称	乌兰察布电业局计量中心
试验日期	2017 年 8 月 5 日至 2017 年 8 月 5 日
传递标准编号	160502

量限/A	误差	额定电流/A	6 次读数的平均值	化整值	合成标准不确定度	扩展测量不确定度($k=2$)
5/5	比值差/%	100	− 0.015 6	− 0.016	0.012	0.024
	相位差(′)	100	− 0.417	− 0.40	0.35	0.7
20/5	比值差/%	100	− 0.002 9	− 0.002	0.012	0.024
	相位差(′)	100	− 0.092	− 0.10	0.35	0.7
100/5	比值差/%	100	− 0.014 2	− 0.014	0.012	0.024
	相位差(′)	100	− 0.417	− 0.40	0.35	0.7

单位名称(盖章):乌兰察布电业局计量中心

日期:2017 年 8 月 5 日

测量结果的不确定度评定

24.1 概述

24.1.1 测量依据：JJG 313—2010《测量用电流互感器》。

24.1.2 环境条件：温度 +10℃ ~ +35℃ 湿度≤80% RH。

24.1.3 测量标准：电流互感器 准确度 0.02S 级 量程为（5 ~ 2000）A/5A。编号 18080554。

24.1.4 被测对象：电流互感器 准确度 0.02 级，型号：HLS － 30 编号 160502。变比（5 ~ 3000）A/5A。

24.1.5 测量过程：将标准电流互感器与被检电流互感器在相同额定变比条件下，采用比较法进行测量，将在互感器校验仪测得电流上升，下降的两次比值差和角差读数的算数平均值作为被测量电流互感器在该额定变比时的比值差和角差。

24.1.6 评定结果的使用：符合上述条件的测量，一般可直接使用不确定度的评定方法，选 5A/5A、20A/5A、100A/5A 三个测量点在功率因数为 1 时，额定负荷 5V·A、额定电流在 100% 时的比差和角差测量结果的不确定度，可直接使用本不确定度的评定结果。

24.2 数学模型

比值差测量见式（24 － 1）：
$$f_X = f_P \tag{24 － 1}$$

式中：f_X——被检电流互感器比值差；

f_P——互感器校验仪上所测得到的电流上升，下降比值差的算数平均值。

角差测量见式（24 － 2）：
$$\delta_X = \delta_P \tag{24 － 2}$$

式中：δ_X——被检电流互感器角差；

δ_P——互感器校验仪上所测得到的电流上升，下降比角差的算数平均值。

24.3 A 类不确定度的评定

在重复性条件下由对被测互感器测量重复性引起的不确定度分项 s_f 和 S_δ 采用 A 类评定方法。

5A/5A 不确定度 u_{A1}

误差	测量次数						$\bar{x}$
	1	2	3	4	5	6	
比差/%	− 0.016 8	− 0.015 0	− 0.016 6	− 0.014 9	− 0.015 0	− 0.015 0	− 0.015 6
角差/(′)	− 0.420	− 0.417	− 0.421	− 0.415	− 0.417	− 0.413	− 0.417

根据贝塞尔公式得比差和角差的实验标准差见式(24 − 3):

$$s_f = \sqrt{\frac{\sum_{i=1}^{n}(x_i - \bar{x})^2}{n-1}} = 0.000\ 9\% , s_\delta = \sqrt{\frac{\sum_{i=1}^{n}(x_i - \bar{x})^2}{n-1}} = 0.000\ 3' \quad (24-3)$$

以实验标准差 s_f 和 s_δ 确定了不确定度 u_{A1}。

比差:$u_{A1f} = 0.000\ 9/\sqrt{6} = 0.000\ 36\%$;

角差:$u_{A1\delta} = 0.000\ 3/\sqrt{6} = 0.000\ 12'$。

20A/5A 不确定度 u_{A2}:

误差	测量次数						$\bar{x}$
	1	2	3	4	5	6	
比差/%	− 0.002 8	− 0.003 0	− 0.002 9	− 0.002 9	− 0.002 9	− 0.002 9	− 0.002 9
角差/(′)	− 0.095	− 0.091	− 0.092	− 0.095	− 0.092	− 0.092	− 0.092

根据贝塞尔公式得比差和角差的实验标准差见式(24 − 4):

$$s_f = \sqrt{\frac{\sum_{i=1}^{n}(x_i - \bar{x})^2}{n-1}} = 0.000\ 2\% , s_\delta = \sqrt{\frac{\sum_{i=1}^{n}(x_i - \bar{x})^2}{n-1}} = 0.001\ 6' \quad (24-4)$$

以实验标准差 s_f 和 s_δ 确定了不确定度 u_{A2}。

比差:$u_{A2f} = 0.000\ 2/\sqrt{6} = 0.000\ 08\%$;

角差:$u_{A2\delta} = 0.001\ 6/\sqrt{6} = 0.000\ 07'$。

100A/5A 不确定度 u_{A3}:

误差	测量次数						$\bar{x}$
	1	2	3	4	5	6	
比差/%	− 0.014 2	− 0.014 2	− 0.013 9	− 0.014 3	− 0.014 4	− 0.014 7	− 0.014 2
角差/(′)	− 0.398	− 0.402	− 0.421	− 0.425	− 0.425	− 0.436	− 0.417

根据贝塞尔公式得比差和角差的实验标准差见式(24 − 5):

$$s_f = \sqrt{\frac{\sum_{i=1}^{n}(x_i - \bar{x})^2}{n-1}} = 0.000\,28\%,\ s_\delta = \sqrt{\frac{\sum_{i=1}^{n}(x_i - \bar{x})^2}{n-1}} = 0.001\,1' \quad (24-5)$$

以实验标准差 s_f 和 s_δ 确定了不确定度 u_{A3}。

比差：$u_{A3f} = 0.000\,28/\sqrt{6} = 0.000\,011\%$；

角差：$u_{A3\delta} = 0.001\,1/\sqrt{6} = 0.000\,44'$。

24.4　B 类不确定度的评定

输入量 u_1 的标准不确定度主要是由标准源的示值误差引起的测量不确定度,可用 B 类不确定度的评定。

该不确定度分量主要是由本标准电流互感器误差引起的,本装置比值差最大允许误差 $e = \pm 0.02\%$,其半宽 $a = 0.02\%$；相位差限值 $e = \pm 0.6'$,其半宽 $a = 0.6'$,在区间内可认为服从均匀分布,包含因子 $k = \sqrt{3}$

比差：$u_{1f} = a/\sqrt{3} = 0.02/\sqrt{3} = 0.012\%$

角差：$u_{1\delta} = a/\sqrt{3} = 0.6/\sqrt{3} = 0.35'$

24.5　合成标准不确定度的评定

24.5.1　u_{c1} 合成不确定度的评定见式(24-6),(24-7)：

$$u_{c1f} = \sqrt{u_{A1f}^2 + u_{1f}^2} = \sqrt{0.000\,36^2 + 0.012^2} = 0.012\% \quad (24-6)$$

$$u_{c1\delta} = \sqrt{u_{A1\delta}^2 + u_{1\delta}^2} = \sqrt{0.000\,12^2 + 0.35^2} = 0.35' \quad (24-7)$$

24.5.2　u_{c2} 合成不确定度的评定见式(24-8),(24-9)：

$$u_{c2f} = \sqrt{u_{A2f}^2 + u_{1f}^2} = \sqrt{0.000\,08^2 + 0.012^2} = 0.012\% \quad (24-8)$$

$$u_{c2\delta} = \sqrt{u_{A2\delta}^2 + u_{1\delta}^2} = \sqrt{0.000\,07^2 + 0.35^2} = 0.35' \quad (24-9)$$

24.5.3　u_{c3} 合成不确定度的评定见式(24-10),(24-11)：

$$u_{c3f} = \sqrt{u_{A3f}^2 + u_{1f}^2} = \sqrt{0.000\,011^2 + 0.012^2} = 0.012\% \quad (24-10)$$

$$u_{c3\delta} = \sqrt{u_{A3\delta}^2 + u_{1\delta}^2} = \sqrt{0.000\,44^2 + 0.35^2} = 0.35' \quad (24-11)$$

24.6　扩展标准不确定度的评定

扩展标准不确定度（取包含因子 $k = 2.0$）扩展不确定度 $U = ku$,根据分布取包含概率为 $p = 0.95, k = 2$；

u_1 扩展标准不确定度的评定 :比差 $U = ku_{1f} = 2 \times 0.012 = 0.024\%$、角差 $U = ku_{1\delta} =$

$2 \times 0.35 = 0.7'$；

u_2 扩展标准不确定度的评定：比差 $U = ku_{2f} = 2 \times 0.012 = 0.024\%$、角差 $U = ku_{2\delta} = 2 \times 0.35 = 0.7'$；

u_3 扩展标准不确定度的评定：比差 $U = ku_{3f} = 2 \times 0.012 = 0.024\%$、角差 $U = ku_{3\delta} = 2 \times 0.35 = 0.7'$。

第二十五章

呼和浩特供电局电流互感器量值不确定度评定实例

互感器校准记录

送校单位： 型号规格：HLS-30 仪器编号：160502
生产厂家：北京普华瑞迪科技有限公司 环境温度(℃)：24.0 相对湿度(%)：61.0

误差	额定电流/A	状态	测量次数						6次测量平均值	备注
			1	2	3	4	5	6		
比值差/%	5	上升	-0.012 7	-0.012 6	-0.012 5	-0.011 8	-0.012 6	-0.012 8	-0.012 48	
		下降	-0.012 7	-0.012 6	-0.012 4	-0.011 7	-0.012 6	-0.012 7		
		变差	0	0	0.000 1	0.000 1	0	0.000 1	最大变差：0.000 1	
	20	上升	-0.004 9	-0.004 9	-0.004 9	-0.004 9	-0.004 9	-0.004 9	-0.004 89	
		下降	-0.004 9	-0.004 8	-0.004 9	-0.004 9	-0.004 9	-0.004 9		
		变差	0	0.000 1	0	0	0	0	最大变差：0.000 1	
	100	上升	-0.010 9	-0.010 7	-0.010 8	-0.010 8	-0.010 8	-0.010 7	-0.010 78	
		下降	-0.010 9	-0.010 8	-0.010 8	-0.010 7	-0.010 8	-0.010 7		
		变差	0	0.000 1	0	0.000 1	0	0	最大变差：0.000 1	
相位差(′)	5	上升	-0.197	-0.083	+0.011	+0.002	-0.109	-0.098	-0.075 3	
		下降	-0.178	-0.094	+0.009	+0.046	-0.114	-0.099		
		变差	0.019	0.011	0.002	0.044	0.005	0.001	最大变差：0.044	
	20	上升	+0.118	+0.124	+0.120	+0.120	+0.120	+0.120	+0.120 3	
		下降	+0.118	+0.125	+0.120	+0.120	+0.119	+0.120		
		变差	0	0.001	0	0	0.001	0	最大变差：0.001	
	100	上升	-0.229	-0.229	-0.228	-0.230	-0.208	-0.227	-0.225 3	
		下降	-0.229	-0.230	-0.228	-0.229	-0.208	-0.228		
		变差	0	0.001	0	0.001	0		最大变差：0.001	

校准日期：2017-8-7 校准员：李博辰 核验员：崔博
设备名称：电流互感器检定装置 设备编号：160504

呼和浩特供电局计量比对试验结果报告

单位名称	呼和浩特供电局电能计量中心
试验日期	2017 年 8 月 7 日至 2017 年 8 月 7 日
传递标准编号	160502

量限/A	误差	额定电流/A	6 次读数的平均值	化整值	合成标准不确定度	扩展测量不确定度（ $k=2$ ）
5/5	比值差/%	100	− 0. 012 48	− 0. 012	0. 033	0. 066
	相位差(′)	100	− 0. 075 3	− 0. 10	1. 2	2. 4
20/5	比值差/%	100	− 0. 004 89	− 0. 004	0. 029	0. 058
	相位差(′)	100	+ 0. 120 3	+ 0. 10	1. 2	2. 4
100/5	比值差/%	100	− 0. 010 78	− 0. 010	0. 029	0. 058
	相位差(′)	100	− 0. 225 3	− 0. 20	1. 2	2. 4

单位名称(盖章):呼和浩特供电局电能计量中心

日期:2017 年 8 月 7 日

测量结果的不确定度评定

25.1　概述

25.1.1　测量依据

JJG 313—2010《测量用电流互感器》中 1.2 环境条件：

温度：24℃；

相对湿度：61%。

25.1.2　测量标准

名称：0.05S 级标准电流互感器

型号：HL－16A；

准确度等级：0.05S 级。

25.1.3　被测对象

名称：0.02 级自升流精密电流互感器；

型号：HLS－30。

编号：160502；

准确度等级：0.02 级。

25.1.4　测量方法

标准源法

25.2　测量模型

测量模型见式(25－1)：

$$\Delta = U_X - U_N \qquad\qquad (25-1)$$

式中　Δ——被检表示值误差；

　　　U_X——被检表示值；

　　　U_N——标准源输出值。

25.3　输入量的标准不确定度的评定

根据熟悉模型，被检表的测量不确定度取决于输入量 U_X、U_N 的不确定度。

25.3.1　标准不确定度分项 $u(U_X)$ 的评定

输入量 U_X 的标准不确定度主要是由被检表的分辨力、环境干扰等因素使电压示值测量不重复引起的。可用 A 类不确定度评定。

对被测电流互感器进行检定,其参数如下:

型号:HLS - 30;

厂家:北京普华瑞迪科技有限公司;

编号:160502;

功率因数:1.0;

准确度等级:0.02 级。

对 5/5、20/5、100/5 这三个变比的 100% 额定电流的点进行试验。取 6 次试验的平均值。

25.3.1.1 6 次试验的结果的平均值见表 25.1。

表 25.1 6 次试验的结果的平均值

量限/A	误差	额定电流/A	6 次读数的平均值
5/5	比值差/%	100	− 0.012 48
	相位差(′)	100	− 0.0753
20/5	比值差/%	100	− 0.004 89
	相位差(′)	100	+ 0.120 3
100/5	比值差/%	100	− 0.010 78
	相位差(′)	100	− 0.225 3

25.3.1.2 用贝塞尔公式求出试验标准差 $s(U_X)$

变比为 5/5:

比　差:$s(f_X) = \sqrt{\sum (f_{xi} - \bar{f})^2 / (n - 1)} = 0.037\ 0\%$;

相位差:$s(\delta_X) = \sqrt{\sum (\delta_{xi} - \bar{\delta})^2 / (n - 1)} = 0.079\ 685'$。

变比为 20/5:

比　差:$s(f_X) = \sqrt{\sum (f_{xi} - \bar{f})^2 / (n - 1)} = 0.002\ 0\%$;

相位差:$s(\delta_X) = \sqrt{\sum (\delta_{xi} - \bar{\delta})^2 / (n - 1)} = 0.002\ 183'$。

变比为 100/5:

比　差:$s(f_X) = \sqrt{\sum (f_{xi} - \bar{f})^2 / (n - 1)} = 0.006\ 8\%$;

相位差:$s(\delta_X) = \sqrt{\sum (\delta_{xi} - \bar{\delta})^2 / (n - 1)} = 0.008\ 490'$。

25.3.1.3 以试验标准偏差 $s(U_X)$ 标志标准不确定度 $u(U_X)$

变比为 5/5:

比　差:$u(f_X) = s(f_X) / \sqrt{10} = 0.015\ 105\%$;

相位差：$u(\delta_X) = s(\delta_X)/\sqrt{10} = 0.032\ 531\ 26'$。

变比为20/5：

比　差：$u(f_X) = s(f_X)/\sqrt{10} = 0.000\ 816\%$；

相位差：$u(\delta_X) = s(\delta_X)/\sqrt{10} = 0.000\ 891\ 21'$。

变比为100/5：

比　差：$u(f_X) = s(f_X)/\sqrt{10} = = 0.002\ 776\%$；

相位差：$u(\delta_X) = s(\delta_X)/\sqrt{10} = = 0.003\ 466\ 03'$。

25.3.2　标准不确定度分项 $u(U_N)$ 的评定

输入量 U_N 的标准不确定度 $u(U_N)$ 主要是由标准源的示值误差引起的测量不确定度，可用 B 类不确定度评定，最常用的 B 类不确定度评定方法有以下两种。

25.3.2.1　标准电流互感器经过检定，可从上级检定报告中获得标准不确定度 $u(U_N)$，一般校准报告的结果给出的是扩展不确定度 $U(U_P)$ 及包含因子 $k(k_p)$，此时 B 类不确定度的评定方法见式(25-2)：

$$u(U_N) = U/k \tag{25-2}$$

25.3.2.2　该不确定度分量主要是由标准电流互感器误差引起的，标准电流互感器经上级检定合格，其比值差最大允许误差 $e = \pm 0.05\%$，其半宽 $a = 0.05\%$；相位差限值 $e = \pm 2'$，其半宽 $a = 2'$，在此区间内可认为服从均匀分布，包含因子 $k = \sqrt{3}$。

比差：$u(f_N) = a/\sqrt{3} = 0.05\%/\sqrt{3} = 0.028\ 9\%$；

相位差：$u(\delta_N) = a/\sqrt{3} = 2'/\sqrt{3} = 1.2'$。

25.4　合成标准不确定度评定

25.4.1　灵敏系数

数学模型见式(25-3)：

$$\Delta = U_X - U_N \tag{25-3}$$

灵敏系数见式(25-4)、式(25-5)：

$$c_X = 1 \tag{25-4}$$

$$c_N = -1 \tag{25-5}$$

25.4.2　标准不确定度汇总表见表25.2

表 25.2　标准不确定度汇总表

输入量	不确定度来源	标准不确定度	灵敏系数
U_X	被检表示值测量不重复性	$u(U_X)$	1
U_N	标准源示值误差	$u(U_N)$	-1

25.4.3　合成标准不确定度的估算：输入量 U_X 和 U_N 相互独立，因此，合成标准不确定度可按下列公式得到：

变比为5/5:

$$比差: u_c(\Delta) = \sqrt{[c_X u(U_X)]^2 + [c_N u(U_N)]^2} = 0.033\%;$$

$$相位差: u_c(\Delta) = \sqrt{[c_X u(U_X)]^2 + [c_N u(U_N)]^2} = 1.2'。$$

变比为20/5:

$$比差: u_c(\Delta) = \sqrt{[c_X u(U_X)]^2 + [c_N u(U_N)]^2} = 0.029\%;$$

$$相位差: u_c(\Delta) = \sqrt{[c_X u(U_X)]^2 + [c_N u(U_N)]^2} = 1.2'。$$

变比为100/5:

$$比差: u_c(\Delta) = \sqrt{[c_X u(U_X)]^2 + [c_N u(U_N)]^2} = 0.029\%;$$

$$相位差: u_c(\Delta) = \sqrt{[c_X u(U_X)]^2 + [c_N u(U_N)]^2} = 1.2'。$$

25.5　扩展不确定度的评定

根据主导试验室要求取包含因子 $k=2$，扩展不确定度 U 的表达式：

变比为5/5:

$$比差: U = k u_c(\Delta) = 2 \times 0.029\% = 0.066\% \quad (k=2);$$

$$相位差: U = k u_c(\Delta) = 2 \times 1.2' = 2.4' \quad (k=2)。$$

变比为20/5:

$$比差: U = k u_c(\Delta) = 2 \times 0.029\% = 0.058\% \quad (k=2);$$

$$相位差: U = k u_c(\Delta) = 2 \times 1.2' = 2.4' \quad (k=2)。$$

变比为100/5:

$$比差: U = k u_c(\Delta) = 2 \times 0.029\% = 0.058\% \quad (k=2);$$

$$相位差: U = k u_c(\Delta) = 2 \times 1.2' = 2.4' \quad (k=2)。$$

25.6　测量不确定度的报告

合成不确定度和扩展不确定度的试验结果见表25.3。

表 25.3　合成不确定度和扩展不确定度的试验结果汇总表

量限/A	误差	额定电流/A	合成标准不确定度	扩展测量不确定度($k=2$)
5/5	比值差/%	100	0.033	0.066
	相位差(′)	100	1.2	2.4
20/5	比值差/%	100	0.029	0.058
	相位差(′)	100	1.2	2.4
100/5	比值差/%	100	0.029	0.058
	相位差(′)	100	1.2	2.4

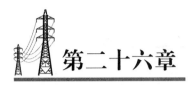

第二十六章

内蒙古超高压供电局电流互感器量值不确定度评定实例

互感器校准记录

送校单位：电力科学研究院计量中心　　型号规格：HLS－30 （5～3000）A　　仪器编号：160502
生产厂家：北京普华瑞迪科技有限公司　环境温度（℃）：24.4　　　　　　相对湿度（%）：45

误差	额定电流/A	状态	测量次数						6次测量平均值	备注
			1	2	3	4	5	6		
比值差/%	5	上升	－0.004 5	－0.004 5	－0.004 3	－0.004 3	－0.004 4	－0.004 3	－0.004 308	
		下降	－0.004 3	－0.004 2	－0.004 3	－0.004 2	－0.004 2	－0.004 2		
		变差	0.000 2	0.000 3	0.000 0	0.000 1	0.000 2	0.000 1	最大变差：0.000 3	
	20	上升	－0.000 6	－0.000 6	－0.000 5	－0.000 6	－0.000 6	－0.000 6	－0.000 558	
		下降	－0.000 6	－0.000 4	－0.000 5	－0.000 5	－0.000 4	－0.000 7		
		变差	0.000 0	0.000 2	0.000 1	0.000 1	0.000 2	0.000 1	最大变差：0.000 2	
	100	上升	－0.004 8	－0.004 8	－0.004 6	－0.004 8	－0.004 8	－0.004 7	－0.004 750	
		下降	－0.004 9	－0.004 8	－0.004 7	－0.004 7	－0.004 7	－0.004 7		
		变差	0.000 1	0.000 0	0.000 1	0.000 1	0.000 1	0.000 0	最大变差：0.000 1	
相位差（′）	5	上升	－0.298 9	－0.292 2	－0.293 3	－0.292 0	－0.291 9	－0.290 9	－0.293 142	
		下降	－0.299 0	－0.292 0	－0.293 2	－0.291 8	－0.291 5	－0.291 0		
		变差	0.000 1	0.000 2	0.000 1	0.000 2	0.000 4	0.000 1	最大变差：0.000 4	
	20	上升	0.002 0	0.002 0	0.002 0	0.001 8	0.003 1	0.011 0	0.004 733	
		下降	0.001 9	0.020 0	0.008 0	0.002 0	0.001 0	0.002 0		
		变差	0.000 1	0.018 0	0.006 0	0.000 2	0.002 1	0.009 0	最大变差：0.018 0	
	100	上升	－0.389 5	－0.387 8	－0.386 8	－0.387 8	－0.388 6	－0.388 0	－0.388 125	
		下降	－0.387 9	－0.387 8	－0.387 6	－0.387 7	－0.387 9	－0.390 1		
		变差	0.001 6	0.000 0	0.000 8	0.000 1	0.000 7	0.002 1	最大变差：0.002 1	

校准日期：2017－8－13　　　　　　校准员：苏焰　　　　　　　核验员：王文杰　张磊
设备名称：标准电流互感器　　　　设备编号：07055

内蒙古超高压供电局计量比对试验结果报告

单位名称	内蒙古超高压供电局计量中心互感器试验室
试验日期	2017 年 8 月 13 日至 2017 年 8 月 13 日
传递标准编号	160502

量限/A	误差	额定电流/A	6 次读数的平均值	化整值	合成标准不确定度	扩展测量不确定度（$k=2$）
5/5	比值差/%	100	− 0.004 308	− 0.004	0.029	0.058
	相位差(′)	100	− 0.293 142	− 0.30	1.2	2.4
20/5	比值差/%	100	− 0.000 558	0.000	0.029	0.058
	相位差(′)	100	0.004 733	0.00	1.2	2.4
100/5	比值差/%	100	− 0.004 750	− 0.004	0.029	0.058
	相位差(′)	100	− 0.388 125	− 0.40	1.2	2.4

单位名称(盖章):内蒙古超高压供电局计量中心

日期:2017 年 8 月 13 日

测量结果的不确定度评定

26.1　概述

26.1.1　测量依据:JJG 313—2010《测量用电流互感器》。

26.1.2　环境条件:温度24.4℃,相对湿度45%。

26.1.3　测量标准:标准电流互感器,型号:HL-63SC,编号:07055,准确度0.05S级,量程为一次电流(5~3000)A,二次电流5A/1A。

26.1.4　被测对象:电流互感器,型号:HLS-30,编号:160502,准确度级别0.02S级,量程一次电流(5~2000)A,二次电流5A。

26.1.5　测量过程:将标准电流互感器与被测电流互感器在相同的额定变比的条件下,采用比较法进行测量,将在互感器校验仪的电流上升、下降的两次比值读数的算数平均值作为被测电流互感器在该额定变比时的比值差和相位差。

26.1.6　评定结果的使用:符合上述条件的测量,一般可直接使用本不确定度的评定方法。

26.2　数学模型

数学模型见式(26-1):

$$f_x = f_p \quad \delta_x = \delta_p \tag{26-1}$$

式中　f_x——被检电流互感器的比值差;

　　　f_p——互感器校验仪上所得的电流上升、下降的比值差的算数平均值;

　　　δ_x——被检电流互感器的相位差;

　　　δ_p——互感器校验仪上所得的电流上升、下降的相位差的算数平均值。

26.3　输入量的标准不确定度的评定

输入量f_p、δ_p的标准不确定度u的来源主要有两个方面:在重复性条件下由测量重复性导致的测量结果引起的不确定度分项u_A,采用A类评定方法;互感器检定装置的准确度引入的不确定度分项u_B,采用B类评定方法。

26.3.1　重复性测量引入的不确定度u_A的评定

对型号HLS-30标准电流互感器分别在电流比5/5、额定电流100%点测量比值差和相位差;电流比20/5、额定电流100%点测量比值差和相位差;电流比100/5、额定电流100%点测量比值差和相位差;以上3个点分别连续独立测量6次,获得一组测量值如表26.1所示。

测量值的标准偏差 s、u_A 的计算方法如式(26 – 2)(26 – 3):

由于 $\bar{x} = \dfrac{1}{n} \sum_{i=1}^{6} x_i$

测量值的标准偏差 $s = \sqrt{\dfrac{\sum_{i=1}^{6} (x_i - \bar{x})^2}{n-1}}$ (26 – 2)

$$u_A = \frac{s}{\sqrt{6}} \qquad (26 - 3)$$

表 26.1   一组误差测量值

量限/A	额定电流/A	误差	测量次数						$\bar{x}$
			1	2	3	4	5	6	
5/5	100	比值差/%	– 0.004 4	– 0.004 35	– 0.004 3	– 0.004 25	– 0.004 3	– 0.004 25	– 0.004 308
	100	相位差(′)	– 0.298 95	– 0.292 1	– 0.293 25	– 0.291 9	– 0.291 7	– 0.290 95	– 0.293 142
20/5	100	比值差/%	– 0.000 6	– 0.000 5	– 0.000 55	– 0.000 55	– 0.000 5	– 0.000 65	– 0.000 558
	100	相位差(′)	0.001 95	0.011	0.005	0.001 9	0.002 05	0.006 5	0.004 733
100/5	100	比值差/%	– 0.004 85	– 0.004 8	– 0.004 65	– 0.004 75	– 0.004 75	– 0.004 7	– 0.004 750
	100	相位差(′)	– 0.388 7	– 0.387 8	– 0.387 2	– 0.387 75	– 0.388 25	– 0.389 05	– 0.388 125

测量不确定度评定结果见表 26.2。

表 26.2   测量不确定度评定结果

比对试验点			测量结果算术平均值 $\bar{x}$	标准偏差 $s(x_i) = \sqrt{\dfrac{\sum_{i=1}^{n} (x_i - \bar{x})^2}{n-1}}$	A 类标准不确定度 $u_A = \bar{s}(x_i) = \dfrac{s(x_i)}{\sqrt{6}}$
量限/A	额定电流/A	误差			
5/5	100	比值差/%	– 0.004 308	0.000 058	0.000 024
5/5	100	相位差(′)	– 0.293 142	0.002 941	0.001 200
20/5	100	比值差/%	– 0.000 558	0.000 058	0.000 024
20/5	100	相位差(′)	0.004 733	0.003 618	0.001 477
100/5	100	比值差/%	– 0.004 750	0.000 071	0.000 029
100/5	100	相位差(′)	– 0.388 125	0.000 679	0.000 277

26.3.2   互感器检定装置的准确度引入的不确定度 u_B

互感器检定装置的准确度为 0.05 级,经上级检定合格,查说明书,在额定电压、负载电流下,其比值差的最大误差不超过 ±0.05%,相位差的最大误差不超过 ±2′。按均匀分布估计,半宽:$a_1=0.05\%$,$a_2=2'$,包含因子取$k=\sqrt{3}$,则标准不确定度见式(26-4)(26-5):

$$u_{B1}=a/k=0.0289\%（比值差的 B 类不确定度） \tag{26-4}$$

$$u_{B2}=a/k=1.154'（相位差的 B 类不确定度） \tag{26-5}$$

测量结果扩展不确定度见表26.3。

表 26.3　测量结果扩展不确定度一览表

检测点	额定电流/A	误差	A 类不确定度/%	B 类不确定度/%	合成标准不确定度 u_c/%	扩展不确定度 $U(k=2)$/%
5A/5A	100	比值差/%	0.000 024	0.028 9	0.029	0.058
	100	相位差(')	0.001 2	1.154	1.2	2.4
20A/5A	100	比值差/%	0.000 024	0.028 9	0.029	0.058
	100	相位差(')	0.001 5	1.154	1.2	2.4
100A/5A	100	比值差/%	0.000 029	0.028 9	0.029	0.058
	100	相位差(')	0.000 28	1.154	1.2	2.4

26.4　测量结果不确定度的报告与表示

标准互感器在电流比5/5、额定电流100%点测量时,测量结果的相对扩展不确定度分别见式(26-6)(26-7):

$$U_1=0.058\%,k=2（比值差） \tag{26-6}$$
$$U_2=2.4',k=2（相位差） \tag{26-7}$$

标准互感器在电流比20/5、额定电流100%点测量时,测量结果的相对扩展不确定度分别见式(26-8)(26-9):

$$U_3=0.058\%,k=2（比值差） \tag{26-8}$$
$$U_4=2.4',k=2（相位差） \tag{26-9}$$

标准互感器在电流比100/5、额定电流100%点测量时,测量结果的相对扩展不确定度分别见式(26-10)(26-11):

$$U_5=0.058\%,k=2（比值差） \tag{26-10}$$
$$U_6=2.4',k=2（相位差） \tag{26-11}$$

参 考 文 献

［1］JJG 313—2010　测量用电流互感器

［2］JJF 596—2012　电子式交流电能表检定规程

［3］JJF 1059.1—2012　测量不确定度评定与表示

［4］JJG 1085—2013　标准电能表检定规程

［5］JJF 1117—2010　计量比对规范

附 录

内蒙古电力(集团)
有限责任公司 **计量办公室文件**

内电计量（2017）03 号

关于开展内蒙古电力公司法定计量检定机构量值比对的通知

内蒙古电力科学研究院、内蒙古超高压供电局、各盟市供电单位：

内蒙古电力科学研究院电能计量检测中心受内蒙古电力（集团）有限责任公司计量办公室委托，将于 2017 年 7 月 10 日至 8 月 31 日对公司所属法定计量检定机构进行 2017 年电能量值比对和电流互感器量值比对工作。

内蒙古电力科学研究院电能计量检测中心作为主导实验室参加此次比对工作。现将《2017 年电能量值比对实施方案》和《2017 年电流互感器量值比对实施方案》发给各有关单位，请各单位高度重视并按照通知要求认真做好量值比对工作。

任务下达：内蒙古电力（集团）有限责任公司计量办公室

通讯地址：呼和浩特锡林南路 218 号

联系人：燕伯峰　电话：0471-XXXXXXX（办），185XXXXXXXX

组织单位：内蒙古电力科学研究院电能计量检测中心

通讯地址：呼和浩特锡林南路 21 号

联系人：董永乐　电话：185XXXXXXXX

　　　　余　佳　电话：185XXXXXXXX

　　　　史玉娟　电话：185XXXXXXXX

附件一：《2017 年电能量值比对实施方案》

附件二：《2017 年电流互感器量值比对实施方案》

内蒙古电力（集团）有限责任公司计量办公室

二〇一七年六月二十六日